為什麼他接的案子比我多？

設計業界潛規則，
讓你接案上班都無往不利

Michael Janda　著
陳鴻旻　譯

如果你想學的是設計，
請到設計學校就讀。
如果你想學如何在設計界生存，
請讀完這本書。

為什麼他接的案子比我多？

設計業界潛規則，讓你接案上班都無往不利

作　　　著	Michael Janda
譯　　　者	陳鴻旻

企 劃 編 輯	黃郁蘭
執 行 編 輯	黃郁蘭
版 面 構 成	郭哲昇
封 面 設 計	16design studio

業 務 經 理	徐敏玲
業 務 主 任	陳世偉
行 銷 企 劃	陳雅芬

出　　　版	松崗資產管理股份有限公司
發　　　行	松崗資訊股份有限公司
	台北市忠孝西路一段 50 號 11 樓之 6
	電話：(02) 2381-3398
	傳真：(02) 2381-5266
	網址：http://www.kingsinfo.com.tw
	電子信箱：service@kingsinfo.com.tw

ISBN	978-957-22-4249-0
圖 書 編 號	UM1401
出 版 日 期	2014年 (民 103 年) 3 月初版

國家圖書館出版品預行編目資料

為什麼他接的案子比我多？設計業界潛規則，讓你接
案上班都無往不利 / Michael Janda著；陳鴻旻譯.
初版. -- 臺北市：松崗資產管理，民103.03
　面；　公分
譯自：Burn your portfolio : stuff they don't teach
you in design school, but should
ISBN 978-957-22-4249-0(平裝)

1.平面設計 2.職場

964　　　　　　　　　　　　　　103002686

推薦序 1

陳彥廷
知名設計師
《設計獎道理》作者

你還記得第一次聽到「做人比做事重要」的心情嗎？是恍然大悟，還是不服氣？
如果你對這句話很有感觸，那大概已經走了一點冤枉路，發現徒有才華是不夠
的，人生和職場這種事，不是你說了算，而是你身邊的每一個人，上司、同事、
客戶……他們起碼一半以上說 OK 了，那你才真的達標了。

你不會想和一個超強但無法溝通的人共事，你也不會想買一個超棒但不符需要
的服務。這些我們都懂，不過我們以為這些準則在「設計」這個夢幻行業會不
同，創意能力至上，個人特質至上。噢！如果你這樣想，趕快醒一醒，翻開《為
什麼他接的案子比我多》這本書，它是專剋懷才不遇的職場救星。

作者 Michael Janda 是一家設計公司老闆，擁有超強的 A 咖客戶名單：迪士尼、
Google、NBC、新力、華納兄弟、福斯影業……他說，他看過太多天才擠破頭
想出人頭地，資質平庸的設計師卻左右逢源。為什麼呢？《為什麼他接的案子
比我多》列出 111 條設計職場潛規則，告訴你在這個行業，你的工作態度和對
人際處理的一言一行，無處不是決勝關鍵。

有了《為什麼他接的案子比我多》這本書，我們不用再跌跌撞撞去換領悟，
Michael Janda 以一個過來人的忠告，教我們如何更健康誠懇的經營人脈、面
對挑戰。推薦給年輕設計師們，也推薦給希望工作更快樂的每一個人！

推薦序 2

吳正順

蘇柏亞廣告設計 創意總監

聯成電腦 CDPM 數位行銷暨外包接案 首席講師

擔任講師的時候，常常會有學生問我「怎麼樣準備一份完善的作品集？」

作品集，它可以是申請學校的通行證，也可以是求職的履歷表，更是行銷自己的最佳工具。如何準備一份具有特色的作品集，讓你在眾多競爭者中脫穎而出？除了作品必須「精準的表達出個人價值」，更需要藉由完善的商業包裝，將個人能力巧妙的包裝成精美的樣貌，進而受到雇主的青睞。就好像櫥窗內散發繽紛色澤令人垂涎欲滴的法式糕點，總是可以引起消費者的購買慾望。

同樣的概念，一個「好的設計」必須兼具藝術性與商業性。設計的過程，除了精準的表達產品核心概念，還必須藉由商業包裝創造出如同法式糕點般迷人的樣貌，讓雇主願意掏出金錢進行購買。對我而言，沒有所謂完美的設計，只有讓客戶滿意的設計。如何在商業性和藝術性保持平衡，考驗者設計師的智慧與斡旋能力。

Michael Janda 書中詼諧的故事經歷，讓同樣身為設計師的我，總是忍不住因感同身受而莞爾一笑。其實設計，說穿了就是滿足客戶的期待。設計學院沒有教的事，就讓 Michael Janda 用文字告訴你吧。

佳評如潮

Janda 筆下直接又有趣的忠告，正常人大概要在公司行號磨了好幾年，飽受摧殘以後才學得到（真是佛心來著！），希望收到的版稅至少抵得上一整年的學費。認真建議讀者，不管你剛出社會，或經手過 75 件案子，對書中指點職涯迷津的務實建議，都要好好做筆記。

本書描繪的平實工作方式與領導風格，會使你功力大增，直追 Mike 本尊以及他在 Riser 的同事，就是那群每次結案後，我們都會忍不住特地訂蛋糕送過去的好傢伙。

Michelle Sullivan
國家地理頻道（暱稱是超重量級客戶）
數位 / 兒童 / 家庭出版與媒體副總裁

- -

這本書應該列入美術學校的指定參考，而且每一所美術學校都該這麼做！

本書內容不限於職業的範疇，更像是一套藉以安然度過職場形形色色的性格互動與潛規則的手腕。Mike 是這題材的不二人選：長期涉歷加上事業有成，證明他具有全方位的經營手腕。

光靠天分而欠缺輔助的個性，很難有所成就。任何領域要走得長久，這本書都是必讀。

Jane Bhang
Sony 影視娛樂
美術總監顧問

可以的話，我會把這本書往每個共事的設計師頭上丟過去，讓他們痛一下，感受這本書的「重量」，接著告訴他們，把書從頭到尾讀一遍，弄清如何阻止自己犯下 Michael Janda 指出幾乎每個設計師都在犯的錯。

Dave Crenshaw
《The Myth of Multitasking》及《The Focused Business》作者

本書是一次愉悅、真實的業界速寫，是給自我感覺良好的設計師與工程師的創意導覽，應該列入設計師的必讀清單。Michael 的方式是描繪而非陳述，透過自身的經歷，賦予本書人性、切身的特質。

即使他的目標讀者是設計師，但他在磨練社交手腕上的指點，任何行業都不可或缺，對我這種當客戶的人來說，會不會變成常客，這一點至關重大。

Cheryl Saban 博士
《What Is Your Self-Worth? A Woman's Guide to Validation》作者
Self Worth 基金會創辦人

學校教我如何當上設計師，而 Mike Janda 教我怎麼經營自己的設計事業。很難三言兩語就道盡 Mike 這個人，除了他以外，我沒遇過其他人，能對我畢業以後陷入的種種掙扎都一清二楚。

不管是接案、合約、提案、做出最佳的經營決策，到應對形形色色的客戶，Janda 都有辦法把牽涉到的地方講得清清楚楚，他的用語輕快且親民，每一天都有某些內容，派得上用場。

Lorilee Rager
Thrive Creative Group 公司
所有人

想為設計生涯把薪助火？不妨先放下數位筆，拿起本書然後從頭到尾讀一遍。Michael Janda 清楚的描繪出實用、可行的建議，幫助你更上一層樓、客戶更開心、團隊更有生產力。

如果你是剛剛自立門戶的接案者，那麼本書更適合你，書中的見解、道理及幽默感，會變成你火藥庫裡的貴重器械。

Marc Siry
NBC 環球媒體
產品資深副總裁

熱騰騰、好看、好用又好笑的內容，毫無疑問是供創意專業人士使用的內行人指南。不管是達成客戶的期望、建立管用的生產流程，或經營充滿活力的設計事業，Janda 的天分都無庸置疑。

我們在福斯曾是同事，我的成就有很大一部分，要歸功於他天才洋溢又稀奇古怪的想法。

Allison Ellis
Hopscotch 顧問社
所有人

想了解創意產業的成功經驗，Michael Janda 鐵定是不容錯過的請益對象，他是我遇過最富創意、機巧、社交手腕的業界人士，他為本書的讀者，集結了討喜、善意的內幕及祕辛。

Jeff Jolley
Riser 總裁

那個老掉牙的藝術家快餓死的玩笑話，有愈來愈嚴重的趨勢。本書提供一套工具給創意從業人員，好在當前的競爭市場脫穎而出，鑒於許多聰明絕頂的人都在這片紅海滅頂，創意人呀，快讀！

Mark Long
RetouchUp（Hollywood FotoFix）工作室
創辦人

我跟 Michael、Riser 共事好多年了，覺得他們講我聽得懂的話，也不會有設計師的口吻，是 Michael 與他的團隊跟其他行號有所區別的原因。

Michael 跟他的公司 Riser 不僅有高明的創意，裡裡外外都散發專業氣息，他跟他的團隊如此的成功，很大的原因是靠溝通，他們聆聽外行客戶發言並傳達專案的細節，跟客戶共同依預算準時將工作完成。要傳授設計師跟現實世界的客戶共事的建言，除了 Michael，我想不出更好的人選。

Melissa Van Meter
TV Guide 聯播網
行銷暨廣告副總裁

Mike Janda 傳授的是如何成為創意產業明日之星的寶貴見解及現實世界的技巧，他描繪的真實經歷，以及傳達的務實訣竅，不是上網或修課就學得到的。書裡的雋永細節及活潑口吻，日後將會持續激發你的靈感。

Lynda Hodge
自由設計接案者

Mike Janda 很清楚，光有天分，與擁有成功職涯是兩回事，真想在業界打滾，需要某些技巧。他在本書運用有趣、簡潔、雋永的方式，跟讀者分享自己的經驗成果。

Lawrence Terenzi
Crackle 公司
產品開發處長

待在這個業界，不能光靠不羈的才情跟緊身牛仔褲。

這是一本創意之書，裡頭有晉身成功設計師所需的具體而且見效的法子。儘管在業界打滾了 13 年，在這本書面前，覺得自己仍像個新手，我要推薦本書給所有的設計師和開發者。

Josh Child
Riser 公司
創意副總裁

我跟 Mike 相識於工作面試，他是面試官，輪到我時，馬上就對我的作品集做了一番解析，並且找出其中蘊含的才氣（很少），接著迅速地協助我擬定接下來的對應。總而言之，我被錄取了。而我從 Mike 身上學到千萬別拖拖拉拉，以及其他有用的技巧，至今仍然受用。

至於設計這一行的其他眉角，Mike 把它們放到本書，用他 100% 的幽默感和見識，帶領設計師優游於現實世界。

Ray Woods 二世
NBC 環球媒體
使用者體驗總監

身為設計界從業人士，我具備 16 年的業界經驗，夠資格評論本書提到的睿智原則是多麼重要，不管你是剛入行的新手，或打滾多年的老手，都能派上用場。

成為創意工作者，除了天分以外，還需要許多的條件，本書能助你一臂之力，誠實地評估自己的能力，找出需要改進的地方。當讀者照 Michael Janda 的説法，按部就班實踐，會發現只需稍微改進某些跟設計無關的技巧，像是客戶溝通、經營策略及工作倫理，就能大幅強化創造力跟解決問題的能力，可説牽一髮而動全身。我從這過程更了解自己，而且想出一個計策，幫助我跟客戶及員工聯繫得更緊密。

我素來對 Mike Janda 這位經驗老道的創意、策略思想家與成功生意人十分欽佩。讀了本書，看了他描述職涯帶給他的收穫，我的欽佩及尊敬之意有增無減。創意產業的工作者，不管領域為何、經驗多少，我都推薦你來讀本書。

John Thomas
Blue Tractor 設計公司
首席創意總監

- -

作者不只在寫書，他提供創意專業人士一套求生工具。讀者將從書中學會如何建立，並順利經營一家兼顧創意與商業的創意事業。每一章都提出了務實、放諸各行各業皆宜，而且人人皆可得心應手，能夠使經營更加順利的忠告。

Kris Kristensen
Alexion 製藥
全球學習資深處長

我跟 Mike Janda 的交情始於 13 年前，並見證他的公司，從親力親為的工作室，發展成為功能完備的領導企業。

我記得第一次見面的場合是在公司，他是創意總監，我是剛離開校園的實習生，聽從上司吩咐，向 Mike 拿回一本冊子。當天的對話我至今還記得，他的言行流露出最大的尊重跟誠意，但他壓根沒這必要。

Mike 肯定沒有先看職稱，再決定待人接物的方式，這是我認為所有主管都應該要看齊的特質。Mike 誠實、睿智、負責，做生意時，總是帶著笑臉，在這快速更迭的產業，值得信任的對象可遇不可求，唯有 Mike，我總是相信他會把我的最大利益放在心上。

親切不是什麼商業機密，但也沒辦法透過手機 App 訂購或下載。

Thuy (Twee) Tran
ABC 家庭頻道
資深製作人

目錄

Section 1 第一話 人性工學   1

致 謝 詞

這本書要獻給我的家人，我的老婆 Jodi，

我的孩子 Max、Mason 與 Miles。

感謝你們無與倫比的支持，能讓我放心追逐理想。

我愛你們更甚於我的吉普車，還有芝加哥熊隊，

也比它們兩個加在一起還多！

砍掉重練⋯⋯有必要嗎？

Michael Janda

拿到剛出爐的畢業證書，我離開印第安納州立大學，拿著一大本人造皮革材質、裡頭裝了學生時期的作品集，就走進社會。我知道自己的使命，就是在這個陳舊的圈子大放異彩，我將為最負盛名的品牌，著手高調的宣傳活動，讓客戶為之暈頭轉向。

接下來的一個月，找工作的折磨使我欲哭無淚。投履歷到各大仲介中心，安排了幾次面試，結果一事無成。我在設計產業找到的第一份工作，就是在地方上的 AlphaGraphics 印刷中心擔任印前協調員。雖然時薪只有 9 美元，不過我如願以償大放異彩。替排孔名片上的文字置中並送進複印機的工作，沒人做的跟我一樣好。

靠著中西部的工作倫理，以及「強迫症是種資質」的座右銘，我只花了短短四年，就從原本的複印工作，爬到了福斯製片廠資深創意總監的位子，負責兒童及家庭網站的設計、開發、編輯事務。

科技泡沫與部門裁撤以後，我度過四年的接案生涯，這期間的收入，遠超出我在大學剛畢業時的想像。我擁有了滿足想要及需要的能力。後來工作量我無法獨力負擔，妻子便強迫我雇人幫忙。17 個員工加上十幾年的發展，我的公司——Riser——在業界闖出名聲，操刀的客戶包括 Google、迪士尼、NBC、國家地理頻道和華納兄弟。

我何其有幸，職涯當中可以面試、管理、雇用上百個設計師和工程師。有一件事情我很確定，就是你的設計作品集，對能否贏得未來雇主及客戶的青睞，扮演關鍵的角色。設計學校也知道這點，所以花了 90% 的心力，教導學生所需的技巧，好讓學生走出校門前，有能力做出一本像樣的集子。

另一件我確定的事情，是設計學校為了使學生有個壓箱寶所花費的 90% 心力，不等於業界成功人士背後的 90% 因素，事實上，它連邁向成功的一項因素都稱不上。

不管你的志向是自由接案、替設計仲介商工作，或者開公司，團隊工作、客戶關係、溝通、社交才能、生產速度及商業嗅覺，是絕大多數設計人員成功的要素。教導你這類被設計學校忽略，但卻應該教授的技巧，是這本書的用意。

砍掉重練？聽起有點走火入魔，不過我在書中提到的每一個教訓，重要性都不下於你認為大獎得主具備的能耐。學會它、應用它，把它跟你的壓箱絕活一塊使用，就能在設計這行業，看到前所未見的成功境界。

致謝

回顧至今促成本書的經歷，眼前浮現了諸多面孔，有幾個我想提出來，趁此機會致謝。

首先，妻子 Jodi 對我投注抱負，支持的態度始終如一，我沒有一刻不放在心上；彼此短暫沒有對事業交換意見的片刻，妳便認真經營家庭，給我空間衝刺。沒有妳便不足以造就我的成功，致謝不足以言萬一。我愛妳。

教我良好紀律的父親 Dennis 跟母親 Nancy，灌輸我出人頭地的觀念，鼓勵我以喜好為生計。

岳父 Gary Allen 跟岳母 Connie Allen 提供的人生教訓，我用在這本書了，謝謝你們倆對我視如己出的支持。

Alan Rogers 在我 20 出頭歲，以身教跟教誨，教我領導、指導和管理，當時建立的基礎，對我的成就幫助很大。

高中美術老師 Sara Robbins 的美術教學，有趣到讓我選擇藝術做為職志。

不能不提的數名同事（前任和現任）、親人、摯友：Jeff Jolley、Rachel Allen、Kris Kristensen、Marc Siry、Ray Woods、Thuy Tran、Grandpa Zwick、Eric Lee、Darrell Goff、Derek Ellis、John Thomas、Josh Child 和 Mark Long 是提高我的水平的動力跟靈感。

還有過去、現在，跟將來 Janda 設計公司、Jandaco、Riser 媒體的全體同仁，謝謝大家撐過公司擴展階段、問題重重的日子。對於那一段青澀的歲月，我有點不好意思，不過，我的用意一直是求好心切。

Nick Jarvis，謝謝你替本書畫的插圖，還有在書籍設計上出的力。你有眾人難以望其項背的才氣。

Jennah Mitchell，謝謝你做第一次編輯，把本書帶到對的方向。

Jan Seymour，本書的選題與文案編輯，簡直是奇才，把〈強迫症是種資質〉發揮的淋漓盡致。

最後，謝謝 Peachpit Press 跟 Nikki McDonald 諸位同仁對本書的信心，說服我別把書名取做《便便的化妝、包裝、偽裝術》:-)

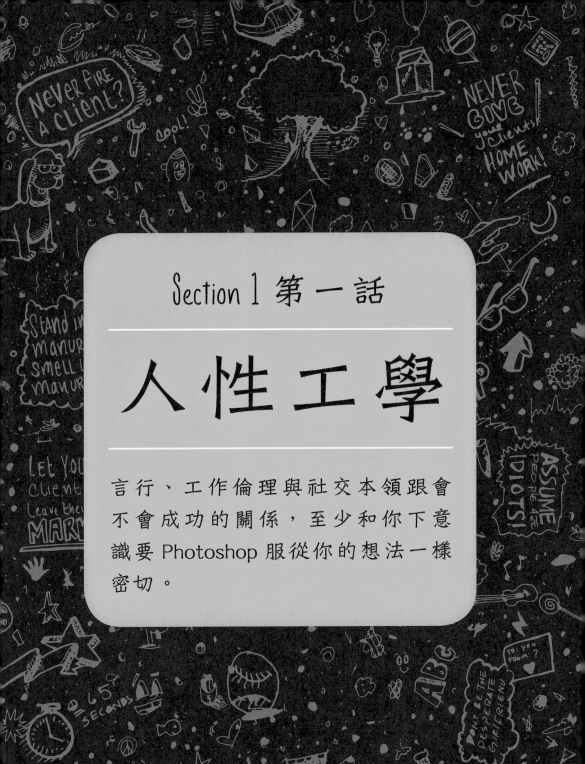

Section 1 第一話

人 性 工 學

言行、工作倫理與社交本領跟會不會成功的關係，至少和你下意識要 Photoshop 服從你的想法一樣密切。

1 天大的祕密

去問截至目前跟我合作過的人，他們大概會這麼形容我：「Michael Janda，毫無疑問，是我遇過的平面設計師裡，最有創意的普通人。」這樣的評語我欣然接受。

在設計這行，我還算可以。我肯定不是庸才，但自忖許多人做得比我好（幸好有些是我下屬）。不過，我不清楚平面設計界，有多少幸運兒跟我一樣，有機會在各自的職涯，取得如此的成就。為什麼這行業，會看到天才設計師，掙扎著想出頭，而平庸的設計師，卻左右逢源的情形？努力？機運？或只能歸咎造化弄人？

真相是，平面設計這行業（幾乎所有崗位），在你客戶或員工眼中，作品或技術只佔整體價值的一部分。我敢斷言，你的成就來自於人際技巧。我最喜歡的一本書，是卡內基 1936 年的經典之作，《卡內基溝通與人際關係》（How to Win Friends & Influence People），我甚至認為，世上每個人都要讀這本書。很多人有讀過，我買來自己讀或拿來送人，次數多到快數不清了。

該書在導言說明寫作的目的，根據卡內基提升教學基金會（Carnegie Foundation for the Advancement of Teaching）以及卡內基技術學院（Carnegie Institute of Technology）做的研究，卡內基認為致富背後，15% 靠技術知識，85% 靠個人技能與領導能力，接下來幾個段落，他提出以下法則：高收入人士的佼佼者，不只具備技術知識，還有能力表達看法、領導群眾，以及讓眾人發揮熱情。

他引用約翰·戴維森·洛克菲勒（John D. Rockefeller）的名言，說跟人打交道的能力，是跟糖、咖啡一樣的有價財貨，而洛克斐勒願意出的價錢，比糖或咖啡更高。卡內基據此猜想這應該是學院要傳授的重要科目，指出這一點的時候，他注意到當時從未有學校這麼做。

我自認設計技能跟超凡入聖沾不上邊，但若自稱是名帶人大師，可一點也不為過（許多前同事會跳出來為我講話）。很坦然的說，我在平面設計的成就，跟人打交道的功勞，要比作品跟技術更重要，這些人包括上司、客戶、員工，以及團隊的隊友。

我認為立志在平面設計出人頭地的人，
需要把時間跟精力花在琢磨人際技巧。

從我公司的組織方式，也可以看出端倪。我們的成就，來自我一手打造的團隊。我目前所打造的團隊，按照卡內基的研究，成員裡面薪水最高的，鐵定不會是設計師，也不是工程師、專案經理。薪水最高的，是擔任公司「總裁」的左右手人物，雖然「動嘴主管」可能是更適合他的職稱。

行走於客戶和員工之間溝通細索的人就是他。他是公司的資產，備受客戶的愛戴、員工的尊敬。他手上沒有公司股份，但我情願讓他分享利潤。儘管他本身不能動手設計，人卻很好相處，有了他，客戶跟公司有了好的互動以及好的成果。這不只是呼應卡內基的研究，這份人際技巧不僅對身為企業老闆的人，對他身邊的同事也很重要。

本書的用意，不是分享怎麼管人跟建立交情的祕訣，這方面有比我更具資格的人提出許多的資訊。本書的方式，是讓我好好指出，你細緻的平面設計技能，只會為你的成就貢獻 15%，跟你讀設計學校認知到的 90% 差很多。現在就朝做人方面著手，能保障你獲得所有成功的手段。

最終，我認為立志在平面設計出人頭地的人，需要把時間跟精力花在琢磨人際技巧；愈能契合客戶、上司、團隊同伴需求的人，愈顯得出類拔萃。你的一流服務，會受到眾人的口耳相傳，屆時認真工作跟完成任務的果實，就是你的囊中物。

1 百尺竿頭

我還是菜鳥時，就曾超出雇主預期，帶來的莫大助益。當時是 1998 年，鳳凰城一家玩具、遊戲及圖書出版公司，僱用我做新企業網站。

那時候網路事業方興未艾，舉國對網際網路的狂熱，直追 150 年前的加州掏金熱潮。找我來的 CEO，野心勃勃，看好即將初次踏入的網路疆域。依照他的規畫，蜂擁前來的網站使用者，會看到擺滿書的書架，點一下某本書，就能翻開樣本，然後從虛擬書架上把書買回家。

我私下花了不少時間，學了早期版本的 Flash，並且用過某些 3D 建模軟體。我猜想當時沒什麼競爭對手，畢竟技術剛推出，不過很開心自己有機會。

我似乎天生有股欲望，求好心切，也想讓眾人滿意。上班第一天，我所做的就超出 CEO 的要求：他要書架，我做了有書架的 3D 虛擬商店模型，再轉出到 Flash，並寫了一些互動程式（當時 Flash 只在下拉選單提供若干基本功能）。

房間載入後，使用者點一下書架，開啟縮放檢視，接著點一下書背，書本就會從架上滑落，並打開樣本。3D 商店還包含一些有趣的互動式小元件，使用者點一下標示，畫面的球會彈起來；把滑鼠移到特定項目上面，畫面側邊的書中會跳出老虎，提示使用者下一個步驟。

我也註冊了一個早期的購物車系統，把它載入到 HTML 框架內，這樣使用者在網站中點選物品後就可以直接進行購買。總而言之，按今日的眼光看，這些雖然粗糙，但在那時無疑是創舉。

不用說，當 CEO 看到說好的書架變成虛擬商店，簡直樂不可支。除了立刻替我加薪，他也提到要在商店加一個功能：一個供使用者了解公司的房間。我開始工作。起初，我在商店加了扇門，使用者把滑鼠移到門上，就會打開，再按一下，就會載入新的空間，讓他們認識公司。我知道要讓老闆驚豔，就得出乎他的期待。我做了商店外觀的 3D 模型，載入後會出現商店正面的樣貌：一棟特別的磚造建築，保證能夠抓住目標消費者的目光。

我拿給 CEO 看，他果然對我的成果大為驚訝。說好的是一個房間，結果他得到一棟建築。這次他要我再去找人，好擴建虛擬商店。我找到一位高手，兩個人做出一個城區（CEO 原本只打算增加幾個房間），他告訴我們多做幾棟建築，我們創造了各式氣候的大陸（極地、叢林、熱帶等），他說多做幾片大陸，我們就延伸到太空。

經過一年半讓 CEO 驚喜連連的時間，我團隊將近有一打成員，投入創造網路上最早的虛擬世界，線上兒童網站 oKID.com。oKID 含線上遊戲、卡通、教育內容、贊助機會、線上俱樂部，還有電子商務（建造網站的原意）。oKID 的人物，是一群名字字首是 O 的小孩，Owen、Olivia、Oscar、Orchid 跟 O-dude，是我們創造出來的鮮明角色。

每天 7 點半左右我都會接到 CEO 的電話，向他報告網站的新玩意。而我們團隊自己設定每天發布的目的是讓 CEO 驚奇。CEO 向各路人馬展示網站，並從投資人那兒拿到大把的資金。不到兩年，我的薪水就漲了幾乎一倍，而且獲得了造就日後專業的經驗和作品。

面對任何客戶跟每項專案，最好的平面設計師，會經常且有意的超越客戶的預期。客戶料想會見到二份樣稿，給他三份；上司要求下午三點要東西，二點就備妥；**隨時趕在對方需要你以前，把握任何機會，讓他們大吃一驚。**

3 虛懷若谷

批評或指教在平面設計這行都屬稀鬆平常，我認為自己屬於這種環境下成長的一小群人。我設計時，動不動就要詢問別人的意見，一路走來，不時埋首於前輩的工具書籍上找尋建言。此刻本書的讀者，或許就是主動尋求精進方法的小眾，也有可能是應老闆或老師的交待，才來閱讀這本書，不管怎樣，有人願意拿起來讀，我都覺得榮幸。

在大學學會如何學習，是我經常掛在嘴上的話，不過，要到畢業入了行，我才真正學到出人頭地需要的技能跟特質。我沒有前人庇蔭，職業生涯當中，管人的時間比被人管長，所知大多是靠自修，以及「做中學」跟「錯中學」。我的願望是，讀者吸收本書的內容，能避免踩到某些我踩過的陷阱，在各自的職涯有所精進。

這些年來，我遍覽設計和商業策略的書籍，發現到，多數的書籍雖然提出不少寶貴的建議，沒用處的贅言卻也不少。對於本書的讀者，我的建議是，工作上派得上用處的就用，沒用的就忽視，這正是我得以在平面設計這行出人頭地的策略、人生哲學與經驗之談。

4 從善如流

平面設計人士是敏感的一群人,或者說,藝術工作者的臉皮通常很薄,總之,慣用右腦人士的臉上,像是寫了:「警告:不要把熬夜、評語、便宜咖啡,跟善意的建議一起服用」。不過,要在平面設計業出人頭地,一定要切記,你不是由作品堆積而成的積木。假如你把對設計的評語,當成對設計師人格的評語,就是為自己築起城牆,反而會阻礙你在設計技能,以及適應不同創意情境的進步能力。

有一次我經過某位設計師的位置,瞥見她手上進行的工作,雖然還很簡略,但已走錯了方向。我知道對方有點敏感,對於說出口的話斟酌再三:「妳開始做 X 專案了?最好要看過客戶給的範例,知道他們想要的效果。」我說完話,就自行走開,對於自己的手法有些得意。當天其他的員工告訴我,她在我離開後,跑到洗手間哭。沒有出聲,只是啜泣。

我希望她不要誤會,以正面的態度,看待我的舉動,不要朝壞的方面想。她要不是手藝好、能力佳的設計師,我一開始就不會僱用她!

為了在設計技巧精益求精,設計師要期待任何批評跟忠告的場合。能把你推往更高層次的回饋意見是重要的,假如同事對你說:「你要不要把 logo 縮小一點」,千萬不要解讀成:「你也配叫設計師?設計又遜又醜,跟整體一點都不搭,我矇著眼畫的都比你的好看。」要知道,你的作品跟你的人是兩回事,並由衷說出:「謝了,這主意很好,我會試試,再衡量看看。」在動手的時候,要衷心覺得設計有所提升,而且自己的人緣不錯,才有同事關心,願意提醒一兩句專業忠告,好讓自己日後走得更穩。

給回饋意見一次機會,又何妨?假如新的面貌更好,是自己的,沒有的話就回到原設計。技巧得以進步的一項關鍵,是除了樂於聽到,更要渴望任何人給你回饋意見。最棒的設計師身邊,會有一群不論是在生活或是創意上,都可聽信其忠告的人。

5 廣結善緣

我們都聽過一句箴言，內容大概是：「想要別人怎麼對待你，你就怎麼對待他人。」古往今來，世界各地的各派宗教、大小哲人，大概都發表過類似的看法。

基督教

所以無論何事，你們願意人怎樣待你們，你們也要怎樣待人，因為這就是律法和先知的道理。

—— 馬太福音 7:12

儒教

己所不欲，勿施於人。

—— 論語 · 衛靈公

印度教

看待跟對待眾生如己身，放下懲戒的權杖，並徹底克制怒意的人，能成功獲得幸福。

—— 《摩訶婆羅多》第 13 卷，教誡篇，113 章

伊斯蘭教

莫要傷人，就不會受傷。

—— 穆罕默德

希臘哲人

不要去做別人對你做會使你不快的事。

—— 伊索克拉底

你心目中的鄰居形象是你要當的人。

——畢達哥拉斯學說信徒塞克圖斯

莫要做使鄰居怨懟你的事。

——畢達卡斯

我年輕時就被教導這句箴言，也一直努力奉行，不過最近這幾年，我才明白它對公司經營有多重要。

截至目前我跟許多優秀的人共事過，一直以來，廣結善緣都不是個難題。魯莽的交流態度，是洛杉磯為人詬病之處，這兒的人，似乎總是很趕……沒時間小聊片刻。我跟妻子認為，快步調的生活方式、生活開銷，以及糟糕的交通，是洛城文化困境的成因，不過，我很自豪的說，自己從未屈服。許多年前，我在FoxKids.com 擔任創意總監，某天傳來敲門聲，探出頭的，是在行銷部的實習生、即將從 UCLA 畢業的蒂伊。她被主管派來我這兒，接受一些風格的教導。

我按自己的步調，決定花幾分鐘跟她聊一聊，利用簡短的攀談，問了學校、實習的情況，以及友善但點到為止的其他談話。後來我們在大廳碰到過幾次，但我想不起來還有沒有其他交談。

這件事我原先沒放在心上，直到許多年後，蒂伊成為我的大咖客戶，我才想起來。當蒂伊實習結束後，進到了 ABC 家庭頻道，而當時差不多也是我自立門戶的時間。她在 ABC 家庭頻道的期間，不停的塞案子到我公司，我還得因此多招募人手，才有辦法應付。我算了一下，蒂伊在四年的時間，給我公司帶來不止一百萬元的業務。有天我們一起吃午餐，她說：「MJ，你知道為什麼我這麼挺你？」我回答：「不知道，不過我非常感激妳。」她說：「你有印象在 Fox 那天，我到你辦公室，要你指導我風格的事？」我回答：「有印象。」她簡短回答：「你人很親切，而且跟我講話。」

我們現在關係還是很好，而且我有了回報她的機會，就是在她換工作時，提供推薦。那天她來我辦公室，由於我「人很親切」所播下的商業關係種子，日後的成果，遠遠超出我的想像跟預期。

我隸屬的商業組織叫「企業陣線」（Corporate Alliance），這個組織的目的，是透過午餐會、靜修跟其他活動，協助企業領袖建立關係。活動都很棒，其中

一個叫「避免關係傲慢」的訓示，意思是假設跟某人建立關係，是沒有價值的舉動，這是很容易就會犯下的錯誤，像我當初遇到蒂伊。（想像一下，當時我是高高在上的創意總監，她是小實習生）好在我從來沒有這種念頭，假如我一念之錯，現在就知道，這種逆向思考的成本，達百萬元之譜。

沒有人有辦法斷定，現在坐在你隔壁的菜鳥，以後會不會是給你大案子的推手。你也不會知道，你最看不上眼的客戶，門口櫃台人員會不會替你的下次工作機會牽線。你永遠都不知道，而你能採取的保險做法，就是「廣結善緣」，除卻職業生涯的考量，我的看法是，你的日子會因此更順利、更幸福。

下面是一些幫助你廣結善緣的簡單策略：

- 常保笑臉
- 感恩圖報
- 稱呼對方的名字
- 不認識的對象要每天寒暄
- 隨時實踐善意的舉動
- 自然不做作

「真心」絕對是這個過程的一個要素，你的舉動是真情或是假意，多數人都有辦法分辨。對別人的善意，必須出於真誠、誠懇，你的舉動才能收到最大的效果。當下開始實踐，這麼一來，下一秒鐘就能自然流露。

你不知道，

你最看不上眼的客戶的櫃台人員，

會不會替你下次工作機會牽線。

6 灑狗血的劇情
就留給肥皂劇

不瞞各位，我十四歲那年的夏天，跟我哥一起看了「我們的日子」(Days of Our Lives)這齣肥皂劇。Bo 與 Hope 的情節，還有 Viktor Kiriakis 的縱容，使我難以自拔。戲中的幫派火拼、男歡女愛跟其他各種花樣，有種從現實生活解脫的娛樂效果。不好的地方是，有太多人把類似的戲劇張力帶到了職場，這種情形，可能會大大危害生意上的往來。

有一次我跟客戶吃午飯，聊到了另一家供應商。客戶拿我們跟那家廠商比較，並且說比較欣賞我們，因為我們比較不會「製造效果」，而另一家廠商則「效果十足」。他舉了個例子，每當碰到要修改網站文字的時候，那家廠商當下的回應會讓人傻眼，例如：「你想要改字？那我安排一個電話會議，雙方來討論。我們這邊會派三個工程師、公司總裁、管理部經理，還有我自己，在電話裡討論修改文字的邏輯性，下午三點你方便嗎？」

這種「效果十足」的回應，跟家人或朋友之間上演就算了，除此之外，大概沒人受得了，也不會感謝你。以下的方法，讓你在職場上跟人來往，免於出現這種戲劇效果：

覺得怒氣攻心時，先緩一緩

擱下一陣子，然後回過頭，換個視角，事情往往就有著落。

寄出熱血沸騰的郵件以前，先找人看過

我自己是反覆、再三重寫，好確保語氣正確。你鐵定不希望客戶從字裡行間，收到錯誤的訊息。

打電話或開會要找對人

不需要為了簡單的文案修改而勞師動眾。

忍不住要發火時，可以先向同事吐苦水

不要把 email 當抒發意見的園地。要是收到客戶的情緒反應，不妨先向同事抱怨或痛罵一場，這麼做有助於自己冷靜，然後做出適當的回答。

覺得自己快要「發作」了，先深呼吸、數到十、喝杯茶，或是其他任何能幫助你重新專注，免於失態窘境的舉動。

1 別當「孤鳥」

最近跟網路行業的同行餐敘。我們約有 30 個人，每月聚會一次。這種月會，大多只是趁機認識同行，很多出席者是圈子裡的熟面孔。但我在這別具意義的活動上，環顧同桌一起用餐的人後，腦中卻浮現了，我們是朋友的念頭。對我而言，這團體不只是社交活動，而是一群好友的午餐聚會。我跟當中每一個人都有私交，許多人會主動為我公司介紹生意，我也會主動介紹生意到他們公司。這些人像一群免費替我拉生意的業務大軍，我當下體認到，朋友會願意免費替你行銷，多結交朋友，對自己沒有壞處。

我的事業靠的就是關係。草創時期，有些離職同事到了新公司後，會把案子交到我手上，因為他們當我是朋友。我公司的使命，有一條是「把客戶變成朋友」。這些年來，我的客戶會：

把我寫在履歷表的介紹人／找我寫推薦信／請我幫忙找新工作／問我怎麼處理各自公司內的棘手情況／開會時把門關上，然後向我大吐公司內部的苦水。／對我說：「你真是我的好兄弟。」

如果說「你真是我的好兄弟」不代表有交情，那麼什麼才是有交情。以下是若干有助於擴大朋友圈子的策略，讓你在公司裡，能利用正向而且長久的關係作為助力：

- 加入產業集團（AIGA 跟技術團體）
- 找到同行社群（許多是免費的）
- 參加當地的商業公會跟其他商業組織
- 加入網路社群，像 LinkedIn、臉書，還有其他社交媒體工具
- 找人中午聚餐
- 約聯絡窗口一起運動
- 跟固定的高爾夫球友一起打球

此外，視本身時間跟地點，盡量涉足社交圈子，越多越好，要跟商業上的往來對象，結交私人交情，雙方卸下心防的場合，情誼才會滋長。記住，關鍵在於誠懇，有意建立情誼，或只是為了做生意，對方心知肚明。

朋友會願意免費替你行銷，
多結交朋友，對自己有益無害。

8 負面情緒的超強傳染力

我認識的人中，岳母在樂觀排行榜上名列前茅。晴天的時候，她說：「天氣怎麼好成這樣」，雨天的時候，她說：「雨景怎麼美成這樣」。我有次調侃了一下，她回答我：「我真的這麼覺得。」每個認識的人都會欣然同意，她的樂觀性子會影響、感染旁人。

同樣的道理，負面情緒也很容易傳染給別人。我不清楚平面設計這行業，愛發牢騷的人特別多，背後是不是有特殊原因。也許是週而復始的截稿日期，激發了挫折心理；或者層出不窮的意見，造成設計師難以維持正面的生活態度；又或者僅僅是物以類聚的緣故。不管原因為何，我的看法是，某人的悲觀會引發另一人的悲觀，一傳十、十傳百，直到整個製作團隊淪陷為止。我公司成立以來，這情況出現過幾次，團隊某人心生不滿，事情還沒明朗，整個場面就陷入天翻地覆。

抱怨可能是負面氛圍最大的禍首。一旦開始抱怨，便開始沒完沒了，不過我的意思是引發抱怨的事情相當瑣碎，比如：客戶對設計的修改實在太醜、計畫臨時生變導致加班、椅子坐起來腰酸背痛、電腦速度太慢、老闆太智障、大樓停電等等，諸如此類的問題困擾著設計師。不過，抱怨的舉動跟抽煙一樣，會使人上癮，但它除了放大問題之外，沒有讓事情步上正軌的功用。

要在類似的場合，發揮最大的正向力量，我有三個建議。首先，自己不要也湊上一腳，成為負面辦公室氣氛的共犯。要在令人喪氣的設計業出人頭地，隨時要讓自己保持積極。抱怨滋生的負面態度，客戶、同仁跟主管會看在眼裡。身體語言還有講話語氣，會洩漏你的負面態度，怎麼裝都沒有用。還有切記，負面的意見或形象，散播的速度之快，簡直像是燎原野火，或是失去天敵的野兔，差勁的態度，或者一心討嘴，會迅速澆熄創造力的火苗跟樂趣，造成層出不窮的牢騷跟抱怨。

其次，找出對付某人負面心態的解決辦法並執行，其所花的時間往往比花在抱怨上來得少。舉例來說，你的期限很趕，那就埋頭苦幹，與其跟同事抱怨客戶以及期限多不合理，這些浪費掉的時間，倒不如好好用在工作上，好趕上階段目標，並維持客戶的滿意情緒。

第三個兼顧公司跟你個人利益的建議，是採取積極的行動來改善問題產生的環境。你的電腦太慢，向上呈報，並且幫忙想出辦法。某個客戶不停臨時要求修改，或是提出荒謬的期限，下一次專案動工前，就訂一組比較合理的專案目標。與其跟同事怨東怨西，主動向公司指揮體系的上級提出辦法。你的目標，應該是讓職場變得的比第一天上班時更好，在一面倒的負面情緒跟怨聲載道的海面，當一座引導正面力量的燈塔。

賣座電影《搶救雷恩大兵》，電視台好像每隔一週就會重播，我頗以此為樂。每次看這齣電影，我都打從心底覺得它有趣。好幾個場景，已深深留在我腦海，我對一場湯姆・漢克扮演的上尉角色，跟他手下一名士兵的短暫交談，印象特別深。那個二兵問湯姆・漢克為什麼從來沒聽過他開口抱怨，湯姆・漢克回答：「跟上頭抱怨，不是跟手下。」也就是，這名上尉會向他的長官抱怨，而且他不會搞錯方向，轉頭對階級比較低的人抱怨。

電影可以虛構，戲中的忠告卻貨真價實。跟同事抱怨，只會讓悲觀蔓延，往上呈報，有助於產生正向的轉機。

在我公司，非常不能容忍團隊出現這種「負負得負」的態度，一旦察覺員工流露負面的態度，就會找他來聊一聊。我們會深入挖掘什麼使他感到挫折，幫他一起把問題解決。過去公司尚未這麼做的年代，眼見負面文化在公司蔓延，並失去控制，「一粒老鼠屎壞了一鍋粥」。別當老鼠屎。

9　壓力桶

此刻我坐在紐約市麥迪遜大道的星巴客,《壓力桶》這單元出現在我寫作清單上已超過一年,最後在參雜了一些我來到紐約以後得到的靈感,這件工作總算大功告成。這裡到處可見人車在街道上攢動,許多紐約客對於大城市的生活壓力,處理起來似乎駕輕就熟,不過我一天會經過幾個剛好「失控」的人身旁,其中有一個男子,大聲咒罵他的妻子,說自己「受夠了」,自己「完蛋了」。我不確定他什麼使他發飆,但看得出來,他的壓力桶確實充得太飽了。

我要說,每個人都有一個壓力桶,平時壓力桶會根據你的活動充氣跟洩氣,有很多會要開、擔子越來愈沉重的日子,壓力桶會快速充氣,其他的時間,像週末,桶壓可能微乎其微,日子也會過得相對愜意。你不讓壓力桶減壓,而持續累積壓力的話,到最後肯定會漏氣而且爆掉,就像我在紐約遇到的那位男士那樣。有時,你的壓力桶瀕臨壓力上限,只需灌入一點點空氣,就會失控。

我們肯定都聽過「最後一根稻草」,這句話源自 17 世紀的諺語(根據牛津語錄辭典),是表達最後放到駱駝背上的一根稻草,會導致難以負荷的沈重,並壓斷牠的脊樑。

每個人一生中某個時點,都見識過(可能親身經歷過)這樣的臨界點,當下一件稀鬆平常的事,卻使得某些最溫和的人抓狂。大家都知道「不為小事抓狂」的道理,但是很明顯的,有些時候不需要「代誌大條」,即使只是打翻牛奶這樣的小事就能讓人失去控制。

平面設計師的生活,可能是被截稿日追趕、情緒壓力愈堆愈高的日子。早期我的公司在擴張階段,款項跟員額每年倍增,壓力把我折磨得不成人形!你可以問我家人或我當時的同事,他們多半會跟你分享那時候我眼睛如何滿佈血絲,我自嘲是處在「賽隆人模式」(典故來自 1970 年代熱門影集《星際大爭霸》(Battlestar Gallactica)中紅眼的賽隆人)。壓力讓我精疲力盡。

身處職場,讓壓力桶「鬆一下」是一件大事。不這麼做,毫無疑問會導致周圍的人,覺得身旁坐了一隻刺蝟,無時無刻擔心自己說錯話或表錯情。談到壓力管理,你有兩個選擇,一是增加壓力桶的容量,二是定期給壓力桶小量放氣。下面有一些我從實戰學到讓自己放鬆的技巧,不過話說在前頭,這些方

壓力桶確有其事，

在壓力大、期限趕的平面設計界，

怎麼不讓它失控，

是頗具難度的任務。

法都沒有科學佐證，也沒做過人體測試，只是我用來讓自己免於壓力破表的法子：

● 休息一會。離開辦公桌，走動一下，做幾個深呼吸，讓氧氣在體內循環。

● 整理桌面和工作區域，凌亂會促發壓力。保持工作區整齊清潔，能減輕你的負擔。

● 整理 email。收件匣是我的第二生命，如果積了上百封信，我會開始擔心自己是不是忘了東西。清空收件匣，收到信切記要迅速回覆，信不要愈積愈多，自然不會增添壓力。

● 開始動工。有時由於即將到來的任務而累積的壓力，動工以後就會減輕。假使你有幾張樣稿要畫，花幾分鐘，開啟並正確設定新的 Photoshop 檔案，把一些設計要用的素材放到文件其他圖層，然後存檔。這手續花不了幾分鐘，而且足以減輕你的負擔，不致於超載。

● 拿出一張紙，把要做的工作寫下來。藉由這個動作，你往往會發現要做的比想像中少，但即使要做的意外的多，整理資訊的動作能幫你放下部分負擔。

● 收支維持正常。跟錢有關的事情，往往會導致大量的壓力，這一點都不令人意外。身為企業主，我經常看著大筆金錢匯入公司帳戶，然後立刻匯出。這現象讓我倍感壓力！我後來發現算錢是減輕壓力的法子，把金額累加起來，然後看這筆錢能陪你多久。(見單元 103《下次金檢日》)

● 寫信給客戶。有時壓力累積是因為不知道到底跟客戶處得如何，這時花幾分鐘，給對方稍個訊息，簡單的問候，像「我們做你的案子是一次很棒的經驗，感謝你把案子交到我們手上，而且把你的角色扮演的很好。」就能吸引對方回覆：「謝謝你的誇獎，跟你們配合我們也很開心。」類似的正面答覆，可以讓壓力消失不見。

● 當公司處於快速擴張的階段，我喝掉數量嚇死人健怡可樂，如今我稱呼那段歲月為「焦慮症的 2006 年」。在此我根據個人、非科學的經驗，要坦承的說，咖啡因會釋放壓力，至少我的情形是如此，其他人的話，儘管去鑽研大量研究，一探咖啡因對人體的影響吧。

● 規律運動。我除了是工作狂，還是健身狂，每個禮拜我至少會在趁進辦公室前上健身房五次。我知道運動能幫助舒壓。

- 每晚睡七到八個鐘頭。讓身體充分休息，有助於避免壓力超載。

- 吃得健康。再説一次，這沒有科學根據，是我從自己的生活經驗獲得的淺顯道理。健康的飲食，能維持正常的身體功能，對壓力水平有正面的效果。

- 修補關係。有很多人因為破碎的人際關係，長期背負壓力。背著這種包袱過日子，會導致壓力桶總是維持至少半飽合的狀態（或更滿）。想個法子修補關係，並且把身段壓低，得以付諸行動。

壓力桶確有其事，在壓力大、期限趕的平面設計界，怎麼不讓它失控，是頗具難度的任務。最好的辦法，是自己有一套對抗壓力的手法，以備不時之需。

10 「怪老頭」或「長者」

好人難為，事實如此。不管天賦多高、心腸多好，人上班以後難免會碰到辛酸的時刻：

- 被公司裁員以後，新工作找了很久。

- 要應付霸道、低能、自以為無所不能的上司。

- 金錢損失，也許是一大筆錢。

- 被客戶辱罵、中止合作。

- 甚至被某些客戶永不錄用，即使明顯的錯並不在你。

- 某張發票被賴帳，或者好幾張。

- 熬夜趕工。

- 程式碼有問題，或是電腦當機，導致你焦頭爛額。

- 客戶一再修改案子的範圍，而且希望你用一開始談好的預算下去做。

- 你最滿意的樣稿，被上司當成垃圾，並且指示你回去重新來過。

- 一而再，再而三被人拿來當代罪羔羊。

這些事情你躲不掉，幾乎每個人的職場生涯中都會遇到（以上每一件我都遇過）。會發生的，怎麼躲都躲不掉，但至少你能控制該如何因應。而你所做的因應也意謂著二條不同的道路：別人口中的「怪老頭」或「長者」。

「怪老頭」是大家都知道，但有所顧忌的人物，是你小時候街道另一頭，坐在門廊性格古怪的老人。每次經過他家，你就會擔心他對你大吼，不准你踏他的草皮，說不定還誣賴你踩了他的花圃。他腿上可能放了一把空氣槍，準備在鄰居的狗出沒在他的草坪上時射牠。怪老頭是乖戾的老人，對什麼事情都反感，什麼都看不慣，他的想法是：「萬物逃不過毀滅的命運。」

「長者」就不一樣了。大部分人知道這號人物，他懂的事情很多，和善、有耐心，能安撫全體家人，包括年紀最小的孫子。周遭的人都景仰他，他能根據豐富的人生經驗，幫助你度過難關。他德高望重，具領導風範，是貨真價實的領袖人物。世界亂糟糟的時候，長者會安撫你說：「事情會過去，我們不會有事。」

怪老頭跟長者的人生可能非常類似，跟世上其他人一樣，兩個人都面臨過關卡跟試煉，最大的差別在於他們遇到逆境的態度。而他們在遇到關卡時所做的抉擇，則和他們腦中的念頭有非常大的關係。

終生怒視一切的怪老頭，心裡可能這麼想：

「這件事要怪誰？怪我喔？」

「有夠爛，這種事再發生我就要換工作。」

「你讓我很失望。」

「我老闆真不是人。」

另一方面，從不同角度觀察的長者，會告訴自己：

「這件事給我什麼教訓？」

「我需要做什麼轉變，以後才不會再碰到同樣的關卡？」

「我要如何幫其他人避開這問題？」

「這個情況需要採取哪些補救步驟？」

這些簡單的觀點差別，決定了怪老頭最後變成不易親近的怪人，而長者成為耐心睿智的人物。我們長期的形象，取決於面對躲不過的關卡時所出現的念頭。

下次樣稿被上司否決，或被客戶責難時，留意你告訴自己的話，因為它關係著你要成為「怪老頭」或「長者」。

11 基層的工作

公司剛起步那時候，每次僱了新員工，大家就會一塊出去午餐，慶祝團隊加入新血。席間有個慣例，是要「說出最糟糕的工作經歷」，新同仁要跟大家說，做過最糟糕的工作，然後由現任最糟工作經歷的冠軍，說出他們的故事。

公司最早僱用的員工之一 Nate，至今穩坐冠軍寶座，沒人有辦法摘下他的冠軍頭銜。他說了什麼登上王座？他以前在製造狗兒吃的肉乾，當時要穿塑膠外衣，在冷藏室待一整天，把冷凍肉類與副產品，倒進一台巨大攪拌機。早上上班時，肉是冷凍的，在漸漸解凍後，冷藏室跟他的外衣，就會沾滿原本凍結的血水跟內臟，肉類的腥味最後會滲進塑膠外衣，跟汗水混合，附著在皮膚上。下班後，不管在熱水下沖洗多長的時間，也無法抹去滲入毛孔的腐肉氣味。

Nate 先前的這份工作（以及其他更多經歷）將他塑造成我曾所共事的人當中，最努力工作、最投入，也是最謙虛的一個人。他的職責是設計師跟產品包裝師，不過幾乎每次有打雜的工作，他都會主動撿起來做。看到他搬桌椅、粉刷牆壁、倒垃圾、整理庫房，或換燈泡，一點都不稀奇。他做這些雜事，沒有半句埋怨，而我經常幻想他拿坐著舒適辦公椅，在電腦上設計的差事，跟以前做狗肉乾時的辛苦比較。Nate 是我公司第一位「年度員工」，他的服務意識跟態度，一直賦予他在公司不可或缺的地位。

我最近在讀麥當勞創辦人 Ray Kroc 的傳記，有件事讓我很震驚，每八個美國人就有一個曾在麥當勞工作。對於有幸成為在麥當勞工作過的 12.5% 美國人，我要說聲「恭喜」，你們可望因此成為更傑出的工作者。

有時我會在公司開玩笑的說：「我們要出發替要求的客戶通馬桶。」玩笑歸玩笑，不過說真的，我是做得到的。我不覺得有失身份。

我很慶幸自己在每一份基層工作中，學到工作倫理跟教訓，下面列出我多采多姿的工作經歷：

- 玉米除鬚員
- 保母
- YMCA 青年一日營輔導員
- 替鄰居割草坪
- YMCA 救生員
- YMCA 游泳和潛水教練

- YMCA 健身中心顧問

- Wagon Wheel 劇場接待員

- Walmart 賣場（夜班）*

- 零工（捆工）

- 龐德羅莎餐廳服務生 *

- 學校的割草工

- Arby's 餐廳（做三明治）*

- 蓋屋頂工人

- Head Start 幼稚園（西班牙移民
工人的孩童老師）

- 印地安納大學足球場（比賽接待
員）

- 印地安納大學研究生宿舍圖書館
（對，我是圖書館員）

- 電話推銷員

- AlphaGraphics（印前協調員，大
學畢業第一份工作）

- Reynolds Graphics(菜鳥設計師)

- 行銷總監（在直效行銷公司當平
面設計師）

- Futech/oKID（創意總監）

- 福斯（Fox Studios 資深創意總
監，掌管 Fox Kids 和 Fox Family
網站的設計、開發、編輯）

- Riser（創辦人、執行長、掃廁所、
粉刷牆壁）*

加星號的工作代表我同時要掃公用洗手間。我無意暗示這份多樣化的工作經
歷，使得我比別人更傑出。不過，我很清楚有了這些經歷，讓我成長為更好的
人。我對自食其力的工作心存感激，而且明白許多人（即使不是多數人），沒
有把嗜好變成謀生方式的福氣。

我沒有絲毫成見，除了一項──我認為人一旦做過掃公用洗手間的工作，會變
成更好的人。這麼基層的工作可以教人許多道理，也願意去做工作要求的任何
事情。我工作以後，看了太多的例子，願意求好心切，動手去做老闆或客戶的
任何要求，這樣的人在公司最有價值。

我們公司成立以來，獲得大大小小獎項，其中一項叫猶他州「全州最佳」的獎
項，我們很榮幸獲頒許多次。它每年會從數個類別挑選獲獎企業，我們理所當
然分在「平面設計」類，讓某些平面設計師意外的，「平面設計」其實是「商
業服務」的子類別。Dictionary.com 把「服務」定義為有幫助的行動，支援某
件事，或服務某個人。

想要出人頭地的平面設計師，必須以「服務」為目標中心。你的工作是讓客戶過得更輕鬆，因為他們不會設計，需要找你幫忙，他們有的外在壓力，只有你有辦法紓解。年輕時做過掃公廁的工作，也並非學到用感恩和謙虛的心服務別人的唯一途徑，許多人有幸從家人身上學到，有些人原本意識深處就有，不管你從哪個途徑學會，記得把它學好。平面設計是以服務為底的行業，對謙遜和工作倫理的要求很高。

11 看重自己

我這輩子有三樣寶物，分別是我的家人、芝加哥熊（Chicago Bears）隊，跟我的吉普車。Devin Hester 是芝加哥熊的開球回攻球員（kick returner），2006、2007 連續二年打破 NFL 的單季開球回攻記錄，他在 NFL 的頭二季，總共 11 次的開球和高踢回攻（punt return），只比 Brian Mitchell 保持的 NFL 紀錄少二次（但這 13 次花了他整個 NFL 職業生涯）。Devin Hester 有能力扭轉戰局。

現在來看看 NFL 歷史上其他撼動人心的球員名單（可能浮現 Peyton Manning、Barry Sanders、Sandy Moss、Walter Payton、Joe Montana 這些人），提醒沒那麼關注美式足球這項運動的讀者，這些球員的位置分別是四分衛、跑鋒（running back）、外接員（wide receiver）……是一般人心目中能夠「撼動人心」跟「開啟新局」的位置。2006 年芝加哥熊的 Devin Hester，堪稱全聯盟最「撼動人心」的人，他是一名開球回攻球員！現在花點時間，想想其他開球回攻球員，你叫得出名字的，也許有一位、二位……（從剩下的 31 支隊伍）。開球回攻這位置，在 Devin Hester 的頭二個球季，被提升到前所未見的境界。

那麼，重點是什麼？

對 NFL 球隊的啟示：在 NFL，要證明身價不一定非得當上四分衛，Devin Hester 證明開球回攻球員對團隊勝利發揮的實質影響力，跟四分衛、跑鋒或外接員的超級明星球員一樣多。有 Devin Hester 加入戰局，敵方陣營被迫改變比賽策略，2007 年賽季要結束時，許多隊伍甚至特意把球朝遠離他的地方踢，好阻止他做出扭轉戰局的一擊。

對平面設計團隊的比喻：沒在公司當到美術總監、創意總監、CTO 或副總，不代表沒機會成為一家公司的重要人物。任何崗位或角色，都可以對組織的成就發揮實質影響力。我在職業生涯看到，許多菜鳥工程師或設計師，左右著成功的公司。發揮最大的一己之力，不管你被安插在組織表哪個角落，你都會是一號人物。

沒在公司中，
當到美術總監、創意總監、CTO 或副總，
不代表你沒機會成為
一家公司的重要人物。

以下是某些讓你捫心自問，幫助你在現有的崗位，躋身「撼動人心」一員的問題：

- 做哪些事能讓我在工作上有所提升？

- 公司有哪些方面需要改進，對此我能有所助益嗎？

- 我應該要學什麼，有助於改善技能？

- 我能怎麼為同事的工作職責提供一臂之力？

- 有沒有什麼地方，能讓我著手改善辦公室文化？

- 公司的製作流程如何，我有沒有改進的建議？

- 我有什麼可以用在目前角色以外的特質跟特色？

- 我有沒有每天花點時間，做一些打破慣例的思考？或者我只是把分派的工作做好而已？

好好想一想上述問題，嚴肅的作答，你將會朝著扮演公司中舉足輕重人物的方向前進。

13 領導或跟隨

最近我出席某個會議，講者在談童子軍計畫，我對他講述跟一名童軍團團長共事的部分印象很深。講者把一疊手冊交給童軍團團長後，對方問他：「這當中哪些是我真正要讀的？」講者迅速回答：「這看你是要領導或跟隨。」

這段話深深打動我。在我們知道的領袖具備的諸多特質以外，這段話強調領導人往往是最深入了解主題，指引眾人的準備工作做得最好，並根據對合適題材的掌握來做決定的人。

想當上領導人，必須自我教育，準備好做出決定及指引眾人。職場一路走來，我不停在自學，想把職涯成長用得到的種種一切學起來。大學畢業後，我自己摸索 HTML，後來在頭幾份工作就當上了重要員工，這時我自學 Flash 2.0 跟 3D 建模，除了順利找到接下來二份工作，還升了好幾級，這時候我又開始摸索 Flash 3.0 跟 4.0，我因此有能力著手建立網路遊戲，而且有辦法跳槽到 Fox，管理一個大型開發團隊，手下有工程師、設計師跟編輯人員。

在 Fox，我開始自學管人跟管專案的技能，這對後來自行創業有極大的幫助。自己當老闆的期間，我讀過小山般的企業管理書籍，這份對知識的渴望，就是使我百尺竿頭，更進一步，在工作上出人頭地的差別所在。

假如你想當一名領導人，不論領域為何，以及需要什麼條件，你都要清楚自己不足的部分，並採取必要的步驟將它學會。

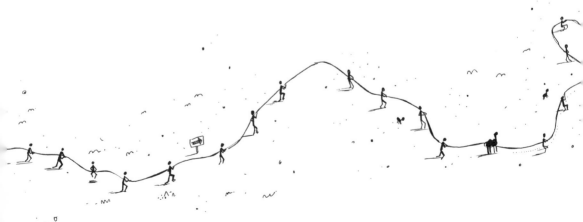

14 成功的一半

菜鳥設計師最大的挫敗跟最顯眼的形象，就是在開會時，像畢業舞會上沒有舞伴的高中生，不知道要說什麼，彷彿如空氣般存在。有一點點怕生，甚至有點客氣，是不打緊的，但是該你發揮的場子，你就要有辦法 Hold 得住場面。

有人天生就是能說能唱，有人則是後天領會，還有些人，是經過一番磨練才得到。沒有這份天賦的人，下功夫提升公開演講跟簡報的技巧，是一項值得的投資。這些能力，能幫助你在日後的平面設計生涯，找到工作跟成交客戶。

我的大兒子在當童軍，還在為鷹級勳章努力，由於陪兒子參加活動的緣故，我知道童軍的銘言是「準備好」。我覺得這個忠告直接了當又清楚，這樣的至理名言，我們應該用在各自人生的諸多方面。

這個忠告，除了幫助一名積極的童軍在野外求生，也能幫助設計師在職場成長。下次有人找你開會，不要再像找不到舞伴的可憐蟲，振作起來，事先做好若干準備：

準備好寫筆記

記事本或是 Moleskine®、筆記型電腦 …… 任何工具或裝置皆可。不管報告的內容多寡，隨時準備好寫筆記，並顯得興致勃勃。

做點研究，開會前先看過題材，並在腦中溫習一遍主題

若是跟新客戶開會，可以上網搜尋、到對方的官網瀏覽，盡量多了解對方。

寫下幾個好問題，鼓起發問的勇氣

事前把問題想好，比開到一半正熱烈時容易多了。

提出一些建言

準備好分享最近學到的經驗，若是分享技巧得當，會讓你看起來經驗老道，而且很有內容。

提到另一位列席者的優點

你喜歡某客戶的品牌或產品？說出來而且講清楚。若是同事在難搞的案件期限前助你一臂之力，趁下次內部會議提出來，讓大家知道有這件事。

分享你的看法

說出對設計的「意見」以前，先確定你有好的看法可以分享，不要光聽人家的看法，說說你自己的。

先求有再求好。開會前做點準備，能扭轉你的形象，從「涉世未深」的新人，一躍成為經驗豐富而且精明幹練的設計專家。

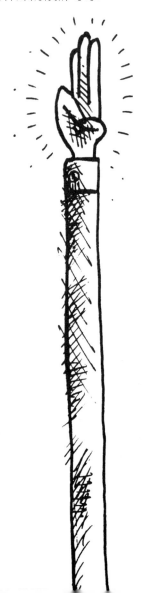

15 淡季的用途

我從大學畢業，拿到光鮮的「工作室藝術」（Studio Art）學士學位那天，心情很好，我在印地安納大學過得也不錯 …… 但我記得當時的念頭是，「我不會回到校園了。」後來，我找了一個月的工作以後，明白了拿到學位跟就業是兩回事，還發現，我在學校的作品集，以及空空如也的經歷，不會引起任何潛在雇主的目光。最後，我找到了人生第一份真的工作：到地方上的 AlphaGraphics 複印中心當印前協調員，薪水稍高於最低工資。

AlphaGraphics 如今是一家好公司，但它絕對不是有野心的平面設計畢業生，心目中的時尚首選。我對於有工作這件事心懷感激，知道大學學位，有助於「學習如何學習」，但沒有賦予自己在平面設計這行，出人頭地的一切技能。

就像我在其他方面的做法，我強迫自己，把跟這行業有關的一切都學起來。每到一家新公司上班，我的目標就是要學到新東西。九〇年代中期我自學的技能，後來讓我得以到新公司當創意總監（包括在 Fox Studios 的職位），不想落伍的我，一直有遍覽設計展場和雜誌的習慣。換到企業經營者的角色後，我飽覽各式商業書籍，好讓自己能拿到現實世界的 MBA。我的重點是，利用空閒時間擴展專業技能，是我得以拿到許多工作機會，以及職涯大幅成長的助力。

我經常看到企業的成員或員工（我的公司也是），將在公司的閒暇時間，浪費在打電玩、看影片，或掛在社群網站上，這是糟蹋老闆錢的行為，更糟糕的是，他們虛擲的寶貴時間，原先有益於職業的前景。

我想問讀者：在「淡季」你會做什麼？你對職涯有什麼期許？對此你有在自學嗎？在此我要呼籲各位，去自學新技能，盡全力不要在業界的技術標準跟設計潮流中落伍，雇主多半樂意看到自己的員工，主動提議要學習新東西，畢竟，新技能將會對公司有所助益。

觀察一下你的職場，哪些地方需要改進？你能出什麼力？經驗告訴我，再糟糕的老闆，多少還是會欣賞有助於改進公司環境的上進心跟解決問題的法子。你能幫忙做網路行銷嗎？對公司的流程跟方法，你有沒有好的建議？然後放手去做？至少把垃圾桶清乾淨吧。閒暇時間公司付你薪水，讓你有能力付帳單，吃美食，目的是要你對公司有用處。

在「淡季」你會做什麼？

你對職涯有什麼期許？

對此你有在自學嗎？

16 不要畫地自限

最近我面試了一個設計師的職缺，有一位求職者，在回答面試的問題時，天真的告訴我：「我又不是應徵作家。」當下我想到（但沒說出口）：「你想當平面設計師吧？那麼你就是設計師、作家、工程師、攝影師，偶爾還是插畫作者。」

身為平面設計師，經常會碰到客戶沒有盡到妥善支援素材，而必須自己填補空白的場合。而且，假如你的目標，是成為標準之上，能讓客戶喜出望外的設計師，就需要朝萬事通的道路邁進，掌握學校沒有教的才藝和技能。所以，準備好自我磨練平面設計用得到的每項才藝吧，你躲不了的。

此外，小公司的平面設計師，要有心理準備，會碰到要修理電腦、回覆電話、身兼業務、裝潢傢俱、粉刷牆壁、擺放畫像、組裝桌椅、清理垃圾…… 諸如此類的場合。你愈肯彎下腰做，對公司價值就愈高。你的同事跟上司，看到你能為公司出愈多樣的力氣，而不是只有在設計時很有用，會更欣賞你。

人原本就是得在活著的時間，不停地吸收資訊並且自我成長，有能力消化新東西，擴充原先的天賦，是人類跟動物的差別，懷疑這點的人，無疑十分不智。因此，對於自己的專長領域不要劃地自限，要求自己在各方面都力求突出。

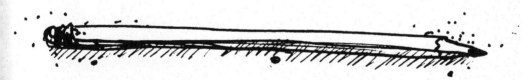

17 擦亮自己的招牌

我從印地安納州北部湖畔的成長環境學到許多，有一項共通的道理是「垃圾自己會漂到湖面」。我總是會看到，湖泊的水道上漂著許多死魚、垃圾、水草等亂七八糟的東西。當然，湖泊有數不盡的好東西：肥美的鱸魚還有其他魚類，在湖面底下游著。不過只有死掉或腐爛時，牠們才會跑到我的視線內。

身為一名雇主跟平面設計公司老闆，我知道這個道理在商場上也通。「垃圾自己會漂到湖面」。案子出錯了，逃不過上層的耳朵；得罪了客戶，躲不過老闆的法眼；趕不上期限，耳語就冒出來了。在平面設計公司，「垃圾」會自己出現在眾人面前，你做得好的地方，客戶很少會特地打電話跟你老闆講，但是你搞砸了，他們鐵定不會在你老闆面前放你一馬。

跟「搞砸了」不同，麻煩的地方是「做得好」需要花時間宣傳。你得要出些力氣，跟同事和老闆，分享案子裡面你做得好的地方。

舉例來說，收到客戶來信表揚，那可不是天天碰得到的事，這就是典型的「做得好」的地方，需要由你出力在公司內部宣傳。簡單的轉寄動作，加上自己的說明：「客戶剛來信，有話對參與案子的各位說」，就足以發揚這一份稱讚。

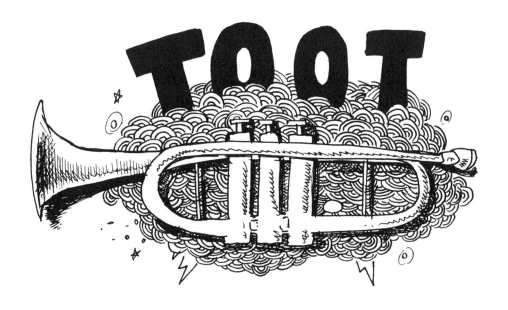

我公司另一項做法，是偶爾會召開一個「週五站出來」會議。視需要，我們會在星期五花一個鐘頭左右，讓每個人花幾分鐘說說自己手上的案子，如此一來，不僅「做得好」的地方會浮上檯面，彼此也有機會看看隊友在做什麼酷玩意兒，這辦法提供了正面的宣傳力量，有助於員工避免產生受冷落的念頭。

你的老闆可能很忙，運氣夠好的話，不會老是干涉你的案子。要確保你的成就不被埋沒，比較好的法子，是你自己主動表現給他看。我岳父有句經常掛在嘴上的話：「自己的招牌自己要擦亮，沒人會動手替你擦的。」萬一你沒有管道往上呈報，老闆大概只有在事情出錯時才會知道你。花一點功夫，展現自己的價值，讓做得好的地方自我宣傳。

18 別掉到外太空

「別掉到外太空」，我這麼講，不是要創造什麼新觀念，雖然我一開始在公司提倡的時候，的確使得有些人，產生跟外太空有什麼關聯的念頭。別被字眼本身騙了，外太空的意思是要人想到空間。多數人都看過一個電影橋段，某個太空人被吸出船艙，掉進外太空，他的情人只能隔著窗戶，眼睜睜看著，卻什麼忙也幫不上，電影還會為隔窗深情對望的二人，搭配一段哀傷的配樂，女方落淚，男方死去。他動也不動，無法說話，不能呼吸，徘徊於空無一人的外太空。

我人生當中在這種外太空工作了三年。當時我以地下室為據點，孤軍奮鬥。沒有評語、沒有同事回饋、沒有新鮮看法，就只有我一人，製作某些業界的「中等傑作」。我的「中等傑作」，足以取悅我的客戶，使他們甘願再三光顧，好一點的客戶，甚至還會把我推薦給其他人。不過，有件事我心知肚明，就是**跟別人合作時，我的作品會更好**。

開始招募人手以後，迅速回想起與人共事，對於設計品質所造成的影響。一次又一次，我看到好的作品，因為群策群力的關係，成為傑出的作品。

要脫離外太空最簡單的法子，只需轉身開口：「你看一下覺得怎樣？」在當上班族的人，隔壁可能就有可以給意見的同事。別自視甚高，誤以為只有同樣當設計師的人，才能給你回饋，這份傲慢跟盲目，會讓你步上一條不歸路，淪落到只能替電話簿黃頁設計。講的出自己看法的人，就能讓你的作品進步。我收到最好的回饋意見都不是出自設計師之口，而是那些傾向從消費者角度看事情的人。

談到生產力，回饋的頻率是另一項需要注意的地方，不要專案都看不見來時路了，才去尋求外界的意見，想像一下，樣稿快做好了，卻赫然發現漏了一個要素，或沒用上可以使整個案子升級的概念，有比這更糟的情況嗎？我都會定期問人：「有沒有空替我看一下？如何做可以更好？」

脫離外太空的觀念，可以用在任何場合，不只有設計的專案，我公司有一條規定──任何事情都需要有人提出意見。重要的信寄給客戶以前，要先找人看看語氣跟檢查錯字；每件提案送出去以前，都要給製作者以外的人審視；定價跟專案時程在交出去以前，也要在幾個人之間流傳，聽聽他們的意見。

難保不會有人收到又臭又長的意見，遇到這種情況，只需微笑的說：「謝謝你！」即可。別忘了，腦力激盪九成都是沒用的主意，不過，寧可收到派不上用場的主意再予以忽略，也不要統統拒於門外，更何況，剩下的一成往往藏著被砂礫掩蓋的珍珠。

到頭來，優秀的設計師會嚥下自視甚高的那口氣，承認自己的主意不一定最好，而且願意跟其他人通力合作，創作傑出的設計，把拙劣的作品，留在適合它的外太空。

19 「合體」力量大

在 Fox Kids 時,有件事對我影響深遠:我交到好朋友、過得很開心,而且有機會替知名品牌做很棒的案子。那時候孩子年紀還很小,《金剛戰士》(Power Rangers)是當紅的影集。當時簡直是活在它的週邊產品中,不管辦公室或家裡,遍布《金剛戰士》的上衣、影片、玩具、鉛筆、筆記本、書籍跟戲服,而我的三歲兒子,完全被這部影集俘虜了。

《金剛戰士》每一集用的創意公式大致如下:戰士們快被那一集的壞蛋打倒了,壞蛋變身成大怪獸(想想哥吉拉),戰士們心想一個人對付不了,於是聰明的開著各自的戰艦,合體成為巨大的金剛戰神機器人。紅衣戰士當身體,藍衣和黃衣當腳,粉紅跟綠衣戰士是手臂,而且憑空多出一支劍 …… 現在的金剛戰神具備抵擋大怪獸的威力,而且再次成功守護了世界。

平面設計界的情形,類似場面更浩大的金剛戰士世界。也許一般場合,依你個人的能耐足以擺平最棘手的燙手山芋。不過,全世界最頂尖的設計師,有了團隊以後,威力依舊會升級。幾個能協調共事的人,可以克服單打獨鬥難以應付的大工程。

「平面設計合體金剛」的理念如下:把每個案子分派給一群人去做,這團隊分成專案經理、資深設計師、菜鳥設計師、工程師,以及品管人員。「平面設計合體金剛」的成員,視每次專案、每筆生意而調整,重點是,團隊能夠解決個人做不到的任務,何況一天能工作的時間就這麼多,如何要求同一個人,兼顧設計師、專案經理、創意總監的角色,又不許他出任何差錯呢?

既然知道這道理,以後就從紅衣戰士的角色升級,變身成為協力的合體金剛吧。

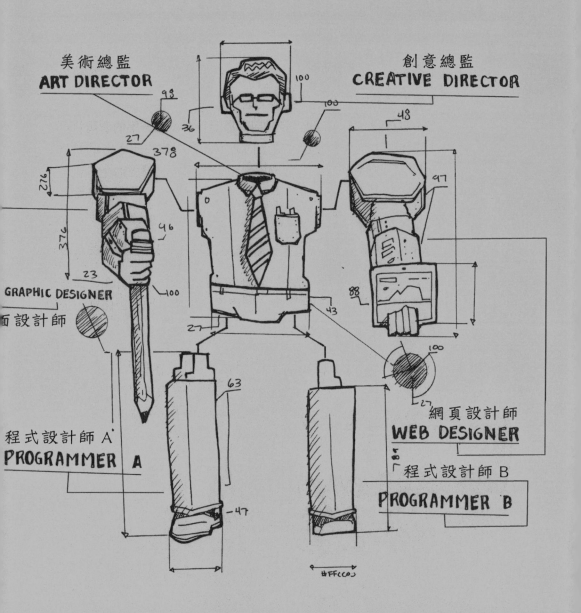

美術總監
ART DIRECTOR

創意總監
CREATIVE DIRECTOR

GRAPHIC DESIGNER
面設計師

網頁設計師
WEB DESIGNER

程式設計師 A
PROGRAMMER A

程式設計師 B
PROGRAMMER B

#FFCCOO

⑳ 團隊有團隊的考量

自己開公司五年以後，我深切的明白了一個道理，就是企業的相互依賴本質。這念頭是在公司第一次到 Lagoon 遊樂園舉行年度宴會，看見員工攜家帶眷，聚在租來的棚子下午餐而變得清晰起來。我們在那之前從未如此聚在一起。我點了點人數，察覺到這間公司是在場 52 個人（十餘名員工跟各自的眷屬）經濟上的依賴，我頓時對此感到沉重與謙卑。

我旋即察覺到，自己一家大小的溫飽，也有賴這群員工履行各自的職責，在這之外，員工之間何嘗不是互相依賴對方。而某一件專案的負面財務影響，可能迫使我必須要沉重的決定，哪些人可以留下，而哪個人又得離開。

在現實中，每個人都要有自覺的擔負起每一件案子的成敗之責，這跟是否負責該案子無關，而是某甲砸鍋並造成客戶虧損，結果卻可能使某乙沒了頭路。**組織的財務拮据，必定要做出相應的經營決策。在評比你跟其他員工的價值，雇主會密切檢視下列三個項目：**

成本

你花了公司多少錢？你能替公司帶進多少錢？公司從你身上賺到愈多利潤，除非萬不得已的情況發生，否則你在位子上可以坐得愈安穩。

重複性

公司僱了三名設計師，一名工程師，恰巧有件案子在工程師經手後搞砸，財務狀況惡化使然，即使錯不在己，三名設計師可能得走一個。

態度與融入

我公司無法避開 2009 年經濟衰退的衝擊，做了某些不得已的決定。那時候公司員額充足，看利潤的話，許多成員條件其實差不多，於是便看他們的態度跟對組織文化的融入程度。類似的情況出現，你的公司也會做跟我們一樣的事情。發生了不得已的情況，做決定的人跟被決定的對象肯定都不好過。為了降低這類事情的發生，我們必須有自覺的擔負起每一件案子的成敗之責。團隊 A 的一名設計師沒做好自己的部分，結果可能導致團隊 B 的某人得四處投履歷另謀出路。

21 沒有人是全能的

我二十歲出頭時，跑到哥倫比亞北部的海岸城市住了一陣子。至今我還是有點嚮往，在那裡我交到很好的朋友，而且深深愛上當地的文化。對我而言，這段經歷也充滿獨特而且深遠的人生教訓，其中一課，是波哥大一名好朋友教我的。

有天我跟這名朋友在聊天，我談到在跟彼此都認識的一位友人往來時，對方性格帶給我的困擾。人性就是這樣，很容易看見他人的缺陷，因此滋生負面力量並壓抑團隊合作，而這兩種後果對平面設計師的職涯都極為不利。

這位哥倫比亞朋友給了一些忠告，我至今仍覺得受用。他說：「每個人都有做得比你好的地方。」他接著開導我，每遇一個人，就嘗試找出那個「地方」，然後努力趕上。這個策略改變了我的人生觀，以及我對別人的認知，隨即我就開始實踐他的觀點。

當我察覺到自己開始注意他人缺陷時，便會糾正自己，並找出對方做得比我好的地方。總是會找得到的，坦白說，有些人得花比較多力氣去找，不過對於遇到的每個人，我都會設法找出一個對方做得比我好的地方。

花點時間環顧四周，看看你的同事，要是從每個人身上選一項特質，放到自己身上，你會選什麼？抱持謙虛的觀點，搜尋的功夫往往並不困難：

若是能像產品設計師 Nate 那樣運用鍵盤，我的設計製作就更快了。

若是具備行政經理 Rachel 那樣的組織技巧，生活壓力就變小了。

若是像工程師 Brent 一樣懂 ActionScript，我就不必擔心丟掉飯碗了。

若我具備我的得力大將 Jeff 那樣的客戶關係技巧，就會是更稱職的專案經理。

我的圖若能畫得跟插畫師 Christian 一樣，就是更全方位的平面設計師了。

我的手腳若跟創意總監 Josh 一樣俐落，每天回到家的時間就可以提前了。

若是能像美術總監 Andrew 一樣有趣、和善，公司的流動率會更低，而且世界各地的客戶都會想跟我合作。

實踐以後我看到了三個效果：第一，能常保謙虛；第二，我能欣賞周圍的人，比較不會出現內訌或其他有害生產力的文化；第三，我能列出一張有待改進的清單，以期能成為更出色的平面設計師，以及更成功的人。

時間是自己的

每個有點成就的設計師或公司，都有熬夜或週末趕工的經歷。這種情況會出現，而且無法避免，可以說是平面設計這一行的宿命。運氣好的人，會遇到試圖跟加班文化分道揚鑣，並且致力於安排班表讓員工在合理時間下班離開的公司。

我公司的業績一度連續好幾年以倍數成長，這種成長方式，非常難以管理，更慘的是，我經常覺得在管理時，陷入單打獨鬥的局面：我僱用更多人手、找SOHO族、建立製作流程、發布激勵訊息、替大家買午餐、分發獎金……但似乎沒有一個做法能讓工作量處於正常，導致我們團隊到最後不時得熬夜，我的心情也非常低落。我很重視我的員工，而且尊重他們的家人跟私人時間，這不是我想要看到自己公司出現的工作環境。

巧合的是，兩名相隔一週來找我閉門會談的員工，幫助我找到逾時工時的關鍵，不過兩次跟員工的討論卻天差地別。

> 甲員工來我辦公室，關上門坐下。他前一晚有熬夜，開頭就說：「大家士氣很差，沒人願意加班，你有什麼辦法嗎？」

他指望有人能替自己解決問題，兩手空空，沒提到任何辦法。當下我思考自己用過的法子（招募、獎金、加薪、改流程），沒有一個足以解決，我需要幫手、他的幫助，但他不提任何解決問題的辦法，他的發言只讓我對士氣的現狀更提心吊膽。他是在怪我讓他得加班。

過幾天乙員工跑來，也是要找我做閉門會談。他為了趕上某間好萊塢大咖工作室的重要期限，前一天整晚加班。我把皮繃緊，準備迎接砲火的洗禮。

> 結果，乙員工開頭是說：「我很喜歡這份工作，我覺得在這裡上班很開心，總是有股想盡全力把工作做好的念頭。」

他非但不怪罪別人，反而自責需要熬夜趕工，擔心自己效率不彰，會不會因此丟掉工作。他看出許多可以改進的地方，並且仔細為我列出他正著手改進的清單。我頓時如釋重負，很感謝這名員工跟他的額外付出，而他也察覺到了。而且，他願意親身找出改善工作量的法子，幫助我察覺其他員工也有機會在各自的工作找到平衡。

甲員工沒在我公司待很久，就跟其他幾位員工另謀新就（我不感意外）。另一方面，乙員工一直是我公司的重要一員。

我從這次關卡學到很多管人跟管理的教訓，其中一課是「時間是自己的」。要把超時工作怪罪到別人頭上以前，先想想自己。你曾有效的運用全部時間嗎？你自己有為職場上的挫折提出辦法嗎？你有向同仁尋求幫助嗎？你有把一部分工作交給比較不忙的人嗎？對自己的時間負責，而且與其淪落為問題的一部分，設法讓自己成為解決辦法之一。

Section 2 第二話

藝術之巧

一流的設計師，從不考慮「運氣」這件事。聰明的流程、策略及技巧，是每件傑作背後的創作助力。

23 強迫症是種資質

我永遠記得第一次印刷校勘，那時我在鳳凰城替任職直銷商的一位客戶設計手冊。坦白講，我覺得印刷校勘是很酷的工作，心中躍躍欲試，前往土桑市的 90 分鐘車程，時間一下就過去了。我像跟家人到海邊出遊的小孩，覺得前方滿佈未知的驚奇跟刺激。印刷廠給我熱情的招呼，然後帶我到裡面看手冊，當時他們已經自行動工，正在上機膠合。冊子做得很好，摺紙也都有對齊。印刷廠做的真好。

慘的是，我很快察覺，我的那部分變成問題。我將首頁從上到下瀏覽一遍，發現了一件事：FAX 竟然拼成 FZX！當下我深刻懊悔自己怎麼這麼「瞎」，竟然沒事先發現有錯字（都印出來了）。封面有一張照片、客戶的標幟跟約莫十個字（也包含 FZX 這個字）。上次我查過，10% 的錯字率，無法贏得任何設計獎項。最後，印刷廠重印，無地自容的我，尷尬的迅速逃離現場。

從那次起，我就自我強迫檢查自己跟別人的作品。我其中一句口頭禪是「強迫症是種資質」，我知道許多人終日為強迫症所苦，這句話絕對沒有輕蔑的心態。我的目的只是想突顯在平面設計這行，你必須跟細節難分難捨。每一像素的擺放，都要放在心上，沒有哪方面不需要拿出來檢討，錯別字不可以睜一隻眼閉一隻眼，傾斜的角度即使細微，很快就會惡化成視覺區缺陷。

我們身處在可以靠電腦軟體，使設計盡善盡美的時代，可運用的範圍尺寸小如像素，大如任何你想得到的印刷規格。零缺陷的設計所重視的，除了你的專業度，更注重成品的品質。

傑出的平面設計師，一般也是好的校對者。審校功夫考慮的核心要素，包括版面、文字排版、用色。底下是一些你在審視平面設計案子的時候應該問自己的問題：

- 版面怎麼調整會更好？

- 構圖的視序（eye flow）如何？各部分的順序恰當嗎？

- 檢查文字排版。有沒有錯字（別字、誤用）？字隙、字元間距或行距有沒有盡善盡美？有沒有對齊？多餘的空格？頁首或頁尾有沒有單字成行？

- 應該一致的各個元件有沒有一致？標題呢？按鍵呢？字型的用法呢？

- 是不是有沒對準設計框格的地方？

- 有沒有離題的地方？各部分的邊緣有沒有互相衝突（或突出邊界），導致視覺效果不佳？

- 色調的效果好不好？能不能進步？

- 照片的處理有沒有提高視覺效果？剪裁整不整齊？效果有到最好嗎？

- 照片或圖片看起來有顆粒或品質不良？

這些質疑加上你自己想得到的相關問題，要變成你的反射性念頭。你在看一件設計，要做到下意識的去考慮這些問題，其途徑無非是練習、練習、再練習。

評論平面設計已變成我的生活樂趣，幾乎每一本雜誌、告示牌、菜單、報紙、廣告，在我眼裡都是可供檢討的機會。有人會懷疑幹嘛活得這麼辛苦？累歸累，但想像一下，你店裡的晚餐菜單上看到錯字，或是報紙出現解析度差的圖片，不覺得毛骨悚然嗎（有的還令人生氣、挫折）？替不知名的作者挑出設計的錯誤是很有意思的工作，你接下來可以任意修正，而且不必自責！欣然接受每次強迫症發作的悸動，而且記得一個道理，設計作品是 A 級或特 A 級，端看你是否留意到細節裡的魔鬼。

設計作品是 Ａ 級或特 Ａ 級，
端看你是否留意到細節裡的魔鬼。

24 遮醜的迷思

製作一個優質產品，是設計師每天進辦公室要面對的第一個職責。設計師要自我敦促，精益求精，做出更上一層樓的設計。每一件案子都有機會創造出得獎的作品，讓你的作品集升級。

也許每個案子一開始，還會懷著類似的雄心壯志，不過，現實世界的平面設計業，有時比較像在遮醜，而不是創作。底下我用一個例子來說明。

客戶 A 某要你為他開的景觀設計公司設計 logo。你把典藏的設計書籍翻了又翻，上網找了上百個同業的網站，想打中客戶跟他顧客的心意。你甚至還自己花錢買了一堆景觀設計的雜誌，認真了解對方的產業。然後，你對自己說，這個 logo 做得真是太好了！

你的圖畫得不錯，準備要把樣稿做出來。你在辦公室走動，到處展示給別人看，驕傲的收下對方的讚嘆。你開始幻想自己可能是從古到今有數的厲害設計師。

你把 logo 寄給 A 某。你知道第四號 logo 明顯優於其他，而且客戶肯定也是這麼想。你不安的等待客戶回覆。自忖他們鐵定會選它，而且會很高興碰到厲害的你。電話響了，是 A 某打來。

> 「我們這邊大家看過以後，沒有一個引起共鳴。有人傳給我一個電腦內建的字型，叫 Comic Sans，真的很酷，看起來輕飄飄的，符合我們公司的氣息。下次的樣稿你能在幾個 logo 上試一下這字型嗎？」

你的臉有點陰沉，但不服輸精神沒被澆熄，你決意在下一仗討回來，讓對方知道你的厲害。你做了一組全新的 logo，為了應付客戶，你挑一個用了 Comic Sans。辦公室的同僚為你的傑出鼓掌，但是當他們看到 Comic Sans 字體的那個 logo，表情變成嘲笑，開始指指點點。你努力解釋，但停止不了眾人的笑聲。你把 logo 寄給 A，有信心這次一定讓他刮目相看。A 某打來：

> 「這回好多了。我想現在算有進度了，我們比較中意八號 logo，下次的樣稿可以多對它施力嗎？」

你想不太起來八號長怎樣。你開啟寄件備份，滾動畫面，發現原來對方中意的是 Comic Sans 字體的那個 logo！A 某接著說：

> 「還有，我們開會討論以後，想把草坪的綠色，改成紫色。我老婆喜歡紫色，而且我們覺得紫色更突出。對了，我哥告訴我，Photoshop 的濾鏡裡有個功能可以讓圖面傾斜，有點像 3D，我們覺得這麼做會很酷。」

事情演變到這地步，你的職責已經從創作獨特概念設計，變成只需要遮醜。很明顯的，在我舉例的情境，客戶要的是大便，所以你的工作是讓這坨大便，愈體面愈好，並且把它清出你的生產線，愈快愈好。這個時候就別再展現你的自尊，多費口舌說服客戶採用你的想法，坦然接受這案子不會像自己幻想中那樣變成傑作，盡人事替它好好遮掩一番即可。

照客戶的話做。遮醜、交付，然後感謝上蒼終於結案，可以著手排程中的下一件案子（並且期待這次跟你的審美觀落差比較小）。

記住一個道理，遮醜不是要你放棄設計原則，客戶希望 logo 出現紫色的草坪，那麼就靠自己的本事，盡可能挑一個最棒的紫色出來。如果客戶要 Comic Sans 的字體，那麼把字際跟行距弄到盡善盡美。如果客戶希望 logo 有點傾斜，那麼使出渾身解數來設計，使它看起來像樣。醜也要醜得最體面、最像樣。不妨想一想，有可能每件案子都會成為傳世傑作嗎？

到頭來，你雖然把目標放在創造世界上最棒的設計，現實中在平面設計這行，情況往往是你得在客戶允許的範圍，依照客戶開出的條件，做出最好的設計，而且，你從他們口中聽到的，可能跟自己認為的美好背道而馳。

25 瑕「會」掩瑜

痣、雀斑、胎記 …… 都是生命的一部分，幾乎人人身上某處的皮膚，都有與生俱來的小記號。有人臉上對的地方長了一小顆痣，會被認為是美人痣，想像一下瑪麗蓮·夢露、辛蒂 · 克勞馥（Cindy Crawford）……，不過，痣上長毛的情況，就截然不同了。我不認為痣長了一撮毛的辛蒂 · 克勞馥，當模特兒還會一樣成功。她當紅時據信是世上最漂亮的女性，但即使如此，臉上有顆長毛的痣是如此的吸引人目光，最好色的男人大概也會一直盯著看。

這種看法膚淺嗎？也許。但你自己做一下調查，就會知道我的說法正確。

「痣長毛」不僅是皮膚科的現象，平面設計界也看得到。一旦被人看到，不管你的設計多麼好看，客戶還是會盯著長毛的痣猛看。這類的「異相」有哪些呢？

- 客戶要改，你卻不改。要讓客戶失望，這招很厲害。你要確認自己檢查了，而且做到所有客戶要求的修改，才能把新的樣稿交到客戶面前。

- 網站連結無效或圖片無法讀取。即使只有一個地方出錯，客戶還是會對你失去信心，他們心裡可能想：「哇哇，那其他地方呢？」

- 設計上面的標幟很醜。出現這種情況，其他地方的視覺效果會大打折扣，想像一下，蒙娜麗莎的右下角平白多畫了一筆。

- 專案的字體設計很糟：落單的單字和句子、多出的間隔、錯別字。版面再怎麼好看，沒有文字的襯托，讀者沒辦法完全領略。

- 沒有事先聯絡就拖延交付的時間。即使只慢了幾分鐘，讓客戶空等就是個大簍子，這顆痣小歸小，但長著毛，它壞了整個跟客戶的關係。

留意長毛的痣。方方面面都要仔細檢驗，平面設計是一門注重細節的學問，一絲僥倖的心理，案子可能就會蒙上陰影。

26 這不是在「當兵」

「當兵」指不經思考，跟機器人一樣，依照輸入的指令行事。活在「當兵」世界的平面設計專業人士，太多太多了。聽到客戶修改指示，「當兵」的人會一個口令一個動作，不去套用學到的設計原理，或動腦激盪一下直覺。不脫離「當兵」的日子，設計能力是不會長進的。照搬上司或客戶口令做出來的案子，發揮不出 100% 的潛力，你要主動退出當兵的行伍，踏入精彩繽紛的創意天地。

我公司曾受「當兵」心態所累，做了一件丟臉至極的事。有一次替華納兄弟做橫幅標語，案子沒問題，我們雀屏中選。客戶交來了主視覺圖，並指示我們要用上。至今我依然無法理解，當初怎麼會認為東西能出去「見客」。因為檔案大小的限制，主視覺圖的 JPEG 品質只好設在 10% 或 15%，以致出現明顯的顆粒跟加工痕跡──連圖片都快看不清楚了──就這樣寄給華納兄弟，也沒附上說明或註解。客戶見到當下的反應不難猜想：「這什麼鬼？這麼難看！」至於我底下某些還存有「當兵」心態的人，想法可能是：「你自己限制檔案大小，又說把主視覺圖放上去，JPEG 品質好得起來才有鬼！自己看著辦吧。」

與其這樣，這裡有個既能注入創意，又不會忤逆老闆或客戶的法子：做一個他們要求的版本，再另外做一個自己最滿意的版本。以下是介紹樣稿時可能發生的對話：

「這是樣稿 A，完全遵照你的意見，而且你要改的地方，都做了調整。」
（客戶會因指示有遵守、沒被忤逆而滿意。這是「當兵」版）

「然後這是樣稿 B。照你的意思修改的時候，我們冒出了某些其他設計的構想，覺得值得一看，因為……（以下填入你的天花亂墜的說詞）。」
（客戶不會因此不滿意 A，還會因為你添加巧思跟用心而開心，對方喜不喜歡 B，你都會記上一筆。）

當然，有時老闆或客戶會中意 A，遇到這種情況，請看本節〈遮醜的迷思〉一章，接下來以渾身解數，提供最好的創作。

不脫離「當兵」的日子，
設計能力是不會長進的。

「當兵」的人還有兩個似乎難以戒除的習慣：

不讀文案

他們會直接把客戶給的複製貼上。下次讀一下文案，並予以改進。讀文案也有利於設計恰當的突顯各處的重點字句。

不修照片

這會發生於設計師滿足於手上收到的照片原稿。下次打開 Photoshop 做些必要的調整，像對顏色、對比、色階、曲線及其他等等。通常花一兩分鐘加強照片，效果就差很多。

想要精進自己的設計跟製作能力，必須持續反求諸己，思考怎麼做會更好。自我督促，不要存有人家給你的會是最好或唯一的想法，在每一件案子，注入自己的創意。記住，「這不是在當兵」。

震懾戰術

從業的平面設計師都清楚一個情況，隨便哪個人手上，都有那種你「有嘴講到無涎」，就是不願聽進去建議的客戶。這時，為了寧死不向低級設計屈服，兩軍交戰在使的「震懾戰術」，值得拿出來一用。我們不建議「傷害」客戶（即使對方有多麼的陷你於水深火熱），倒是相當建議靠著亮出令人瞠目結舌的設計，在客戶面前好好露一手，摧毀他們的「戰鬥意志」。「震懾戰術」用的好，客戶會任你宰割，向你的意志伏首稱臣，乖乖地聽從你的專業。

首次提出「震懾」（Shock and Awe）一詞的 Harlan K. Ullman 與 James P. Wade，二人於 1996 年寫下《震懾與威懾：達成快速掌控》（美國國防大學，後來由美國國防部編寫），定義快速掌控有四項特徵：

● 對於敵、我、環境近乎全面或絕對的認識及了解

● 快速和及時的運用

● 執行上的作戰才智

● 對於全體作戰環境近乎全面的控管及識別管理

我們逐一檢視上述項目，以及在創意產業的應用。

對於敵、我、環境近乎全面或絕對的認識及了解

要使客戶因為你對他們行業的專業認識及了解而喜出望外。客戶必須對你完全放心，相信你清楚他們想要的，而且是付諸實行的正確人選。

快速和及時的運用

客戶應該要因為你快速回覆提問，以及案子進展快速而措手不及。你在所有事項的及時性，讓客戶不致於枯等，而且你得以從頭到尾掌握案子。

執行上的作戰才智

每次你寄信給客戶，要加上對方會嚇一跳的突破性展開，同時在設計跟技術層次，做到超乎本身職責。

對於全體作戰環境近乎全面的控管及識別管理

你必須有一清二楚、有條有理的程序。你的組織技巧，會使客戶安心，對方會感受到，你確實對專案、交件跟各階段都掌握好了

「震懾戰術」是你在案子每個階段跟客戶每次互動的目標，以下有一份清單，提到專案期間不同時間點所用的建議，助你「震懾」對手：

鞏固潛在客戶關係，取得專案放行的指示

● 給客戶送籃「心意」或意外的贈品。

● 比約定時間早呈交提案。

● 找客戶一起午餐或打高爾夫球。

● 親自把裝訂好的提案交到客戶手上（而非郵寄 PDF 檔）。

● 提案加入一些說明樣稿。

● 提供項目折扣，名目可以是慈善、交情、或批發價。

● 大公司的話，請一名上級寫張書籤或郵件給潛在客戶。

● 案子一旦放行，接著應該有一連串動作，開個開工會議，或介紹經手的團隊成員，有利於加快腳步。

專案的創作階段

● 多給幾個樣稿，可以是主題底下的變化或新方向。例如，客戶原以為有五個，結果有十個。

● 設計 logo 的案子，為最好的 logo 套用情境（如貨車或建築的外側），而且 logo 的案子可以搭配名片的點子，看看品牌延伸到行銷的效果。

● 印刷品的案子，請附加一份打樣稿，用來展示成品的樣子。

● 當面開會，把樣稿印出來，裱在立板上面，開完會留給客戶。也可以順便帶個小禮物或禮盒。

- 網站的案子，經過一、兩輪的樣稿來回，但客戶回饋意見很少，可以考慮做出部分可點擊的網頁，最後一次樣稿時給對方看。

網站專案的建置階段

- 手上已有要用的所有素材，第一次展示可執行版本就把整個網站做好，完成約定的內容。

- 在客戶預期上線日以前，建立好可執行的互動介面或視訊元件。許多客戶對會動的內容比較有印象，建立互動或動畫元件，像是替專案畫龍點睛。

- 你可以在網站上新增約定以外的程式改良及功能。

案子的收尾階段

- 請款金額低於預算。誰不喜歡成本比原先以為的低。

- 不向客戶額外要求的新增項目請款。

- 送樣禮物給對方，或以其他法子表示心意。

- 別忘了，專案的每個階段，你應該試圖提前交稿，而且靠「震懾戰術」出乎對方的期待。

28 給客戶「好看」

活到這歲數，我有幾個心得：甜點淋上奶油比較好看，前菜有淋乳酪比較好吃，畫作裱了框會更顯精美。

我最近有次在餐廳排隊，看了牆上掛的畫，坦白講，照片不怎麼樣，我用 iPhone 拍的都比較好。不過，這些照片裱在很精緻的木框裡，四周是大片的白色畫板，隔著透明無瑕的玻璃，畫板上面還有攝影師漂亮的手寫署名。

多數人都逛過美術館，我自己副修美術史，上畫廊對我一點也不新鮮。老實說，這種地方很多所謂的「藝術品」，半買半送都乏人問津，不過一旦裱了漂亮的畫板，再打上燈光，身價立刻大漲。

 這帶出了一個問題，為什麼會有這個情況？你可能聽過「佛要金裝，人要衣裝」這句諺語，在平面設計這行，說法就換成，「畫要裱框」。也許你設計了一生的傑作，加入郵件附加檔，按下傳送鍵寄出，無異就失去在客戶面前好好露一手的機會。犯這個錯的優秀設計師很多，非常多。你要用盡一切手段，管控作品供人評頭論足的展出環境，好避開這樣的疏失。

雙方碰面溝通，是最容易的方式。把設計稿印出來，裱在黑色風扣板上，將自己的 logo 設計一下，並附上專案名稱。接著把牌子黏到風扣板背面，放進時髦公事包，就可以出門上路去。

以網路送交設計樣稿，顧慮到外表就稍微麻煩一些。第一個忠告是千萬、千萬不要用 email 寄，客戶從郵寄看到的樣子，你一點也掌握不了。有些客戶受限於伺服器環境，甚至收不到附件。樣稿的環境應該是你有辦法掌握的。我們針對每個專案都會製作網頁，作為交付樣稿的媒介（比如說網站樣稿就會附上可點擊連結）。選單頁面經過精心設計，上頭用了我們的色調搭配、logo 跟聯絡方式。每次有東西要交給客戶看，就上傳到伺服器，在網頁放上連結，接著寫信通知對方，點擊連結檢視，這樣就初步做到了環境控制。

下面有一些其他的著手方針，給客戶「好看」：

- 網站的樣稿，應該置於 HTML 頁面，背景不要空蕩蕩。設計可以置中，背景可以視最後效果，調整為大螢幕尺寸。網站的樣稿要盡量「寫實」，不要只上傳一張 JPEG，就寫信叫客戶從連結去看。

- 印刷品的案子，送交數位格式的難度，比網路案件高。我建議盡量寄 PDF 跟 JPEG 檔案。例如，三折小冊子的 PDF 版，裏頭便是將冊子攤開後的單頁檢視文件 客戶可以將 PDF 放大檢視、閱讀文字，親眼檢視最細微的地方。

- 印刷品案件的 JPEG 版，要包含冊子封面跟內頁的篇幅，把各頁並列放置，記得加上一些陰影，看起比較接近實物的照片。記得在 JPEG 的下方做一個簡單頁腳，秀出你的 logo、專案名稱跟日期。JPEG 版本是便於客戶掌握成品的樣子，你不能指望客戶在看了平面的 PDF 後，能想像出成品的呈現樣子，這道理適用其他印刷品，包括名片、信箋、年報，諸如此類。

- 若是 logo 樣稿，那麼在 PDF 上要獨立呈現，一個 logo 一頁，以避免同時放在同一頁上觀看時所造成的干擾。

- 替 logo 案子「加料」很好玩。我建議開啟 Photoshop，把 logo 套用在各種情境。我們試過把 logo 放到貨車外側、名流上衣、帽子、建築，甚至公車外側。有位我面試的設計師，替曲棍球隊做了 logo，放在溜冰場照片上面，頗為賞心悅目，這樣可以把真實世界的情境，視覺化呈現在客戶眼前。

好公司不會放過這一點。留意你所買的 Apple 產品，你八成早就注意到 Apple 公司在包裝這方面下足了功夫，讓包裝本身就是不朽的經典之作！這項好產品因此變得比你收到的其他禮物更值得期待。這個道理說明了，給客戶「好看」跟終端消費者的使用體驗關係密不可分。想要設計脫穎而出，撩起客戶心中那股難以言喻的「中意」因素，在入眼當下的地方就要下功夫。

29 更好的點子永遠不嫌晚

公司成立以後的前六年，華納兄弟是我們最重要的常客之一，這筆生意，讓我們受寵若驚，一向都是勉強自己，迎合對方。有一次，我們有幾位設計師準備把某個網站案子做好的樣稿交給對方，於是當天快下班時，聚在會議室一起檢查樣稿。崔弟（Tweety Bird）是眾人檢討的焦點，而且整體的設計有到位，不過，在評估設計的可用性時，網站導覽有個地方明顯有問題，我向首席設計師指出，並提出我的辦法，變更設計估計大約會花 45 分鐘，結果他回我：

> 「我同意這個方式更好，不過今天時間有點晚了，我覺得應該就這樣交
> 出去。」

你聽看看，這什麼話。你怎麼能指望二流的設計方案能拉到華納兄弟（或其他任何同級的客戶）的生意？有任何更好的主意，鐵定應該要付諸執行，用時間不夠當作爛設計的藉口很少成功的。我強硬介入並且要求進行修改。

話說回來，這種決策需要跟截稿日期一齊考慮。截稿日期不能拖，有時勢必得做出設計上的妥協。回到原本的例子，比較好的方式是在交件的郵件內文，加上一段簡單的說明，像是：

> 「我們在約定截稿日前，進行最後一次檢討的時候，想到另外一個網站
> 導覽的解決方案。我們一方面要遵守時限，把目前內部討論過後的樣稿
> 寄給您，但替代方案明天早上就會做好交給您。新的樣稿大致上維持相
> 同的設計，但在導覽做了變更。我們希望能聽聽您對目前這一份，還有
> 明早交付的額外版本的意見。」

這個說明兼顧客戶的預期和截稿日期，此外，多了額外的時間執行的關係，所以也有顧慮到設計師的立場。客戶花錢是要你提出最好的解決辦法，真的想在平面設計這一行出人頭地，不管離下班剩多少時間，案子該投入的創意跟專業一樣也不能省。

確實，案子過了某個時點，就無法回頭再來過。舉例來說，案子的樣稿都通過了，開始製作流程，就應該堅守雙方說好的設計，把案子做完。

我的重點是，檢討會議上拍板定案要進行的修正，應該優先執行。你必須總是把工作做到最好，無時無刻不欣然接受更好的主意。更好的點子永遠不嫌晚。回到崔弟的例子，當下只需短短 45 分鐘修改，就能讓成果煥然一新。

30 愈補愈大洞

踏入設計這行以後，碰到過許多次，還沒從客戶那收齊需要的素材，就得把設計生出來，這時就會放入一些「僅供置換」（For Placement Only，簡稱FPO）的補白。糟糕的是，日子久了，FPO總是會在某個時點，從你的成品冒出頭來。印刷品的話，會成為白紙黑字，網站的話，會被上載到運行中的伺服器。終歸一句，人非聖賢，孰能無過呢。

我在這方面有過慘痛的經驗。出社會以後一年左右，有次正等著收到網站要用的文案，那時候年輕的我，心情不怎麼好。設計需要一些補白文字，我覺得乾脆自己來，就動手寫下：「我幹嘛寫這個？因為被客戶放鴿子，不把案子要用的東西給我。這案子究竟何時能結束？拜託客戶快一點⋯⋯」然後把文字複製並貼滿版面。我的想法是，「我說得沒錯——當然我會在實際上傳內容到網站以前換成真的文案。」

隔天電話響起，是客戶打來。她說：「設計很好看，不過怎麼出現文字？寫這些要做什麼⋯⋯」她把我認為絕對不會曝光的文字唸了出來，然後數落我，這舉動多麼缺乏敬業精神。當下我真是「囧」到最高點，像做錯事正在被主人責備的狗狗，不敢把頭抬起來。從此以後，我就不曾在使用FPO時出錯。

還有一次，我有個手下，在高流量的福斯兒童網站，將FPO置入了不雅的文字，好在有人隨即發現這個錯誤，並予以更正。猜想那名員工這輩子都不會犯這種錯了。

我的重點是，出現FPO的場合，永遠要多一分留意。有時它莫名其妙就會跑到客戶眼前，這是這一行的定律。下面有些留意的地方，你可以避免掉到FPO挖的洞。

用真的文案

盡可能放入真的文案跟圖片。客戶還沒交出文案，就找找目前的（從刊物或上網），看有沒有能當FPO用的。我還建議，客戶自己沒下標的話，不妨自己動手。我們想的標題跟標語，後來客戶十分中意，並且實際拿來用在真品上頭的例子，多不勝舉。

補白的地方用心挑選，
不要落得跟我一樣「愈補愈大洞」的下場。

用亂數假文（Lorem Ipsum）

手上沒有任何客戶的素材，這時就必須用到亂數假文這一樣出版跟平面設計業在用的補白文章。我最喜歡的亂數假文來源是 www.lipsum.com。記住一點，把版面填滿的舉動，不表示可以不顧慮編排。你必須檢查空格、斷行、斷句及其他等等，跟在做其他排版設計時一模一樣。還有，為了不讓設計每個地方看起來都一樣，記得要複製不同的補白段落，再貼到設計上。

挑個順眼的

要用圖片補白，記得挑張跟品牌搭的。最近我有手下在某個新案子的 FPO，用了之前為某家大學設計的卡通作品。這種情況絕對不能出現，因為適合大學的 FPO 圖片，不具備新案子的品牌象徵。換句話說，FPO 圖片本身也需要根據案子「設計」，別忘了適當剪裁，調整色階還有對比。FPO 圖片用得不好，會給設計帶來不好的效果，導致客戶看不出樣稿出色的地方──即便設計本身是優於 iPhone 的傑作也一樣。

用灰色的方塊

如果你對要用什麼圖片一點主意也沒有，那就填入灰色方塊，中間寫下「FPO：僅供置換」的浮水印。

此外，記得向客戶說明你用了 FPO。我們還真的遇過客戶問起：「設計作品中出現的文章是什麼意思？我看不懂它在寫什麼。」你不確定客戶知不知道自己在看補白文章，通常簡單在交件的 email 交待一下即可。（有人可能覺得是脫褲子放屁，不過用了 FPO 縮寫的人，甚至可以解釋它的意思。）

最後要有個認知，在設計裡任何一處地方，難免會跑到客戶的眼前，或者更慘的是，出現在世人的面前。用來補白的地方要用心挑選，不要落得跟我一樣「愈補愈大洞」的下場。

31 「格」「格」不入

把我至今為其他人刪除文案句點後面多按的一格或二格空白的時間加總起來，我大概在這個舉動虛擲了好幾天的人生。我很想對這些人說：「把時間還給我！」所以正式提筆對外界寫下我的抱怨。

句點＋空格＋空格＋新句子：這個用法可能是國小老師上打字課時教的，建議埋葬這個「習俗」，現在就停止，你曉得自己即將浪費我的時間嗎？

句點＋空格＋新句子：這個用法才對！把以前上打字課老師跟你說的忘掉。你現在是平面設計師，你有義務寫出好看的文案，句點後面出現二個空格，總是會導致視覺上的悲劇。

你去查維基百科，上面提到二個空格是 19 世紀使用單型字距的打字員，因為一個空格無法有效區隔字距，出於可讀性和易讀性的權宜做法，此即多出一個空格的用途。後來這個用法，成為句子間隔的打字慣例。20 世紀的打字員，上課聽到了以後就蕭規曹隨，而且成為時間再長也很難改掉的習慣。

時至今日，比例字型（proportional font）會調整適當的字距，佔去二個字母的空白顯得太過遼闊。棘手的地方是，墨守成規的傳統打字員，依舊不改二個空格的做法，原因可能是習慣使然，也可能是這些人不知道有更好的做法，或者是單純的冥頑不靈。

更加棘手的是，開始出現二種用法孰對孰錯的討論，雙方陣營都宣稱不管根據可讀性或易讀性，自己慣用的那個更勝一籌。有人甚至做研究，指出考量雙方的說法後，結論仍有待商榷。

坦白說，我對「句點＋空格＋空格＋新句子」的歷史不怎麼感興趣。平面設計就事論事的話，「視覺」因素鐵定大獲全勝，而且，平面設計師只要考量這一點就夠了。二個空格像在句子中間開鑿運河，簡直是內文的詭異裂痕。文字是視覺元素，在設計時，必須跟其他全部的視覺元素一起考慮，所以，拜託你行行好，立刻跟「句點＋空格＋空格＋新句子」這個用法說掰掰。

Comp 的說文解字

平面設計這行業，對於 comp（樣稿）這個字，有個十分常見的誤解。平面設計師大概都知道，comp 就是一件設計的草稿或樣版。不過，根據自己不嚴謹的調查結果，我很清楚的知道，多數人誤以為 comp 是從 composition 這個字演變過來，產生誤會的原因很明顯，但其實 comp 是 comprehensive 或 composite 的簡稱。Composition、comprehensive、composite 這三個字雖然有相同的拉丁字根，但是字義略有不同，這個小地方會讓設計出現極大的差異，而且，composition 和 comprehension 字義上的不同，可以解釋世界上這麼多設計師交出的 comp，為什麼會那麼差勁。

Composition 在字典上面的定義，是指安排各部分或元件，形成完整藝術形式的動作。

而字典對 comprehensive 下的定義，是指一件廣告的詳細初步安排，顯示圖片、插圖以及文字的擺放。

看同義字的話，根據 Thesaurus.com 網站，composition 的同義字包括 structure（結構）、layout（版面）、design（設計）、form（形式）、symmetry（對稱）還有 balance（平衡），都是設計時要考慮的重要字眼。

Comprehensive 的同義字，有 all-inclusive（全盤）、exhaustive（詳盡）、extensive（廣闊）、full（充分）、lock stock and barrel（完全）、the big picture（大局）、the whole shebang（全部）跟 widespread（廣泛），這些字眼更貼近 comp 的真實涵義。

試想當你聽見 composition 之於 comprehensive 的差別，是否就如其同義詞 layout（版面）之於 extensive（廣闊），或是 design（設計）之於 lock stock and barrel（完全），頓時有一種豁然開朗的感覺，明白 comp 粗製濫造的設計師為何這麼常見？

每一件 comp 要交到客戶手上以前，設計師要盡全力使它完善，每個小地方都要考慮，好讓客戶很簡單就能夠看出成品的樣子。

33 手腳疾如風

日前有位客戶打電話來，要我們替幾年前為他們建的網站做個修改。我們的業務開發主任，把製作團隊的人叫來，問他們這件工作要花多久時間，對方回答：「應該會花一個鐘頭，不過我接下來六個星期時間都被另一個案子佔去了。」聽聽看這什麼回答。六個星期的時間，這成員排不出一個小時的空檔，做這個小修改？這段期間有 14,400 分鐘，我們業務開發主任只需要他撥出其中 60 分鐘，但從這人的回答，可見他不知道上班族天天都在浪費時間，這裡或那裡拖個五秒，諸如此類的浪費加總下來是可觀的。

每一分鐘省下五秒，那一個鐘頭就有 300 秒（5 分鐘），一週工作 40 小時就能多出 200 分鐘（3.33 小時），一年下來就有 173.16 小時（7.215 天），相當於多一週任你遨遊的假期。（更棒的是，若 12 人的設計團隊每一個都這樣有效率的話，以每小時收費 100 元計算，年營收就多出 207,792 元！）

我們以前有位美術總監就是這樣的「一心多用」。他左手邊有塊 Wacom 繪圖板，右手邊有滑鼠，中間還放一個鍵盤。他做起事來，手腳就是快。不是每個人都有這項「一心多用」的天賦，但下面列了一些可以讓你省下 5 秒鐘（甚至更多）的地方。

快速鍵

我們製作團隊手腳最俐落的成員，好像對鍵盤上的快速鍵組合都一清二楚。他不是最出色的設計師，也不是最厲害的工程師，但是他靠俐落的身手，成為製作團隊的要角。

整批作業

規劃一天的行程，彙整雷同的工作。舉例來說，你可以一次聽三通電話留言，而不是每通來電都接一次。視在公司的職務而定，你也可以久久收一次信。把需使用 Photoshop 製作的內容，畢其「工」於一役，完成後便專注於程式設計的部分。同個時段處理類似工作，省下工作轉換浪費的時間。

減少凌亂

辦公桌上一堆雜物，電腦桌面上檔案凌亂的人，寶貴的時間，就在每次找檔案或圖稿的時候白白浪費。實際或虛擬空間的擺置皆井然有序的人，找東西比較快，腦袋比較不會亂，也節省了時間。

稍作喘息

起身休息一會。像我這種工作時坐著時間愈長，腦袋愈不靈光的人，從位子上起來休息一會，可以讓腦袋清醒，接下來生產力也比較高。

處於趕工模式的人，要嚴格執行休息，注意牆上的時鐘，但是不要休息 15 分鐘這麼久，改成休息 14 分鐘──這樣豈不多了一分鐘可以工作。

戴上耳機

待在開放的工作環境，耳機可以阻隔周圍的噪音，幫助你專注於手上的工作。此外別人看你戴著耳機，不管耳機底下有沒有播放音樂，比較不會過來打擾你。

遠離茶水間

每天辦公的時間很容易就在笑談之間流失。坦白說，我待過的每一個生產環境（包括我自己開公司以後），一天大概會有二成或更長的時間被閒置，花在喝咖啡聊是非、批評、看轉寄的影片、打屁聊天，或浪費在其他非生產事項。我通常不會對此流露不悅之色，視之為團隊凝聚的一環，對創造力有用。話說回來，如果工作很多，期限又近在眼前，這時就需要專心一志，杜絕這類職場社交，所節省下來的時間，可不是區區的每分鐘五秒這種程度而已。

公告周知你沒空

你埋頭追趕截稿期限這件事，最好讓所有人都知道。發個善意的訊息，像「今天要截稿所以會超級無敵忙，萬不得已不要找我，請見諒」，有助於免受辦公室日常雜務的叨擾。

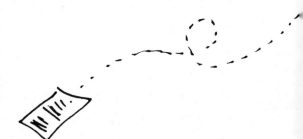

你的手腳愈快，
賺的錢就愈多。

找幫手

真的難以趕上期限的話就找幫手。你團隊裡面有人不像你這麼忙的機會很大，剛好就能撥出時間跟伸出援手。

設計時器

我不反對計時器使，讓會議和工作按照表定時間進行。跟時鐘賽跑的工作效率好的嚇人。

市面上談論時間管理跟生產力的書籍非常多，你真的對善用時間感興趣的話，到附近的書局，買幾本回家慢慢看。我個人推崇大衛．艾倫寫的書，包括賣得很好的《Getting Things Done》。

平面設計這一行把「期限」看很重。幾乎人人都有「多一秒也好」的經歷，不管當下是希望這禮拜多一個鐘頭，或是今天多五分鐘，好讓自己趕上期限。有效運用時間是成功人士的關鍵，對自由接案的工作者來說，時間就是錢。你的手腳愈快，賺的錢就愈多。

最後，當不當得上世界上最屬害的設計師是一回事，但是工作比人多花十分鐘做好，是很難在看重期限、快步調的平面設計業生存下來的。表現出效率最高的製作速度，是躋身最佳全能設計師的關鍵。

34 手腳要快

我至今面試過不下數百個求職者，有機會成為製作團隊（設計師或工程師）一分子的人，我會問他們，「你打字多快？」。打字速度是衡量製作速度很好的估計值，打字愈快，正式上工以後，手腳愈俐落。入行以來這個道理幾乎對我遇到過的所有設計人員都通用。

一個要求自己打字更快，而且明顯朝這方向努力的人，或許會要求自己在其他工作手腳更俐落。這種人也許會用一大堆快速鍵，自己想出善用時間的策略，製作優質作品的比率，可能也比隔壁的同事高。

在平面設計這行，時間就是金錢，經營一家獲利機構的重點，是找到手腳俐落、做事到位的人才，邀他們入夥。

35 如何吃下一頭大象

幫貓剃毛的方式，可能有很多種，但是要吃掉一頭大象，只有一個方法，就是一口、一口的吃。

百事可樂這樣的名牌，有次答應讓我們公司製作一個有遊戲有活動的兒童式互動環境，我們在開心之餘，唯一的顧慮是時程，這可是預算高達台幣三百萬的大案子，對方只給我們短短八週的時間。

我們接下的任務，是創造一處分成三個區域的互動世界（依照產品線的口味），各自具有專屬的動畫跟遊戲、簡單的問答，以及四張特別繪製的著色書頁。在這之外，還要做一個父母專區，提供產品跟營養成份的資訊。

一個世界、三個區域、三項遊戲、三套互動問答、十二張供瀏覽者自行上色的著色網頁，加上有模有樣的產品區，一切要在二個月內搞定。我們心知肚明，鬆散的執行方式，吃不下這頭大象，這案子一定得要詳詳細細、有條不紊，不然緊要關頭時，鐵定難以為繼。

挑選團隊

開頭第一件事，是判斷案子需要哪些人。我們為案子選了七人專門小組：由我當專案經理，加上美術總監、設計師、工程師、插（動）畫師、美術製作，及對付客戶的專員。我們還找行政經理臨時支援，撰寫部分文案和研究，以及品管。

細分為「口服」份量

我們把組好的團隊，叫到會議室，在白板上面開始腦力激盪，寫出一份周詳的清單，精確指出案子的待辦事項。除了籠統的「設計區域 1」，我們把任務仔細的分解。

幫貓剃毛的方式，可能有很多種，
但是要吃掉一頭大象，只有一個方法，
就是一口、一口的吃。

區域 1

- 畫好線框，交由客戶批准。

- 修改客戶的素材，好套用到樣稿。

- 設計登陸畫面。

- 製作動畫拍攝程序的記事板。

- 設計指引用戶前往三項活動的圖像。

- 做好動畫的草稿，交由客戶批准。

- 製作動畫的定稿。

- 製作區域 1 畫面的灰箱（gray box）程式。

- 結合核准的設計素材跟遊戲的灰箱版本。

- 製作區域 1 的音效庫。

- 結合音效庫跟拍板的動畫。

- 連結活動的圖像及完成的活動與遊戲。

- 執行測試及品管。

接著進一步說明，每個遊戲各自的待辦工作，而不是只是指派某個人去執行「區域 1」。

遊戲 1

- 畫好遊戲 1 的線框，交由客戶批准。

- 設計標題畫面。

- 設計遊戲進行畫面。

- 設計獲勝／失敗的畫面。

- 製作遊戲角色及項目的插畫跟動畫。

- 寫好遊戲每個畫面的文案。

- 製作遊戲進行的灰箱程式。

- 結合核准的設計素材跟遊戲的灰箱版本。

- 製作遊戲 1 的音效庫。

- 結合音效庫跟拍板的動畫。

- 執行測試及品管。

專案其他部分的類似清單做好了以後，我們就按自願或指派的方式分配人手。

共同分擔

有人自願就派給他一件工作，在項目列表旁寫下名字。讓每個人清楚知道一旦出現自己名字，就是全權執行該項工作的人。案子要順利完成，每個人需要順利完成各自的工作項目。

- 製作動畫拍攝程序的記事板（Alan）。

- 設計標題畫面（Janet）。

- 寫好遊戲每個畫面的文案（Rachel）。

我們把工作細分為「口服」的大小，就有辦法靠七個人共同分擔，而且可以把非專案的人手拉進來。如前述，行政經理做了不少研究跟文案編寫，此外，雖然案子用不到 PHP，但有個 PHP 工程師自願監工測試跟品管。案子細分的愈多，愈容易拉人過來幫忙。

開始擔心

案子帶來的壓力大小，應該直接跟案子的規模成正比：案子愈大，壓力愈大。（你想不到，工作細分的大小，應該跟案子大小成反比：案子愈大，分的愈細）

大的案子必須要克服人性的拖延欲望，要賦予適度的壓力，建議為每件細分的工作指定具體完成的階段。

- 設計標題畫面（二月三日完工）。

- 設計遊戲進行畫面（二月四日完工）。

被指派的製作團隊應該能清楚了解時程，並定期檢視各階段狀況，愈早提前完成，愈有利。

吃大象要花很長的時間，消化的工作十分繁重，不能等時間到了，才想一口吞下，還指望腸胃可以負荷。你得要有計畫的吃一點，消化一點，然後再吃一點。

36 維納斯行動

我們公司面孔還算新、還在擴展的階段，發覺有必要針對有潛力提升及能進一步成長的領域，進行評估。要做到這點，我們的方法是對自認為左右設計公司前景的核心領域予以分析，包括獲利能力、客戶滿意以及作品品質。

公司頭幾年營運時，利潤都在 50% 以上，客戶的讚賞與主動引薦接連不斷。雖然從來沒登上《Communication Arts》等全國性雜誌的版面，因為我們自認尚未準備好替作品報名獎項。我們的作品稱得上不錯，但「棒」才是我們想要的，所以決定，「作品的品質」是最需要我們重視的領域。

一群我們能力最好的設計師試著想點子，思考該怎麼自我精進，完成高品質的設計而且促進合作。我們為想到的法子，取了一個好聽的名字，叫「維納斯行動」，因為祂是掌管美與愛的羅馬女神。

後來，這項程序化成組織密切的一部分，當中的項目不需正規的會議，就會自然發生。不過，我們多年前確立的原則，依舊是有效完成優質工作的關鍵，也足以供外人借鏡，應用到對各自組織最好的領域。下面是我們從專案開始，到即將交件給客戶的工作提升程序。

1. 美術總監開球

與會者：接手的設計團隊跟美術總監（偶爾也會有招攬案子的業務開發團隊成員）。

簡介：組織內部啟動專案以後，美術總監會跟接手的團隊開會，討論專案的一般性細節。

目標：確保設計團隊握有專案全部資訊，包括：

● 客戶的目標

● 客戶的設計風格（方向）

● 專案需要做到的細節

● 目標群眾

- 清楚有哪些素材可以用

- 清楚案子各部分要納入的內容

- 清楚時程

- 清楚預算（製作時數有多少）

交辦：指派一名出席者記錄，把資訊分給其他與會者於專案期間參考。

2. 界定指標

會者：接手的團隊

簡介：接手的團隊開會以前，會研究類似的舊案件，範圍涵蓋網站、設計雜誌、設計書籍，及其他適當資料來源。每位成員在會議上提出各自的範例一起討論。

目標：備妥一系列作為靈感的設計範例，做出一致的設計品質。設計範例稱為「指標」，作為開發過程的參考點。請注意，指標不是拿來模仿，而僅作為品質的基準，判斷潤飾設計成品的程度。

交辦：研究資料來源的指標，至少要有一個，至多有五個供比較的專案或設計。這些設計依照公司內部的製作管理系統，存放到專案的資料夾或數位製作工具。

3. 票選會議

與會者：接手的團隊及美術總監。

簡介：這個場合應該要出現大量對話跟腦力激盪。接手的團隊會激盪設計的概念，製作略圖供內部檢閱。略圖包含了設計和版面或框格的構想，會在接手的團隊與美術總監召開的票選會議上討論，每張提出的略圖，優缺點都會被拿出來分析。

目標：決定版面的概念，或是第一版樣稿採用的框格。

交辦：接手的團隊應該至少準備第一次樣稿二倍數目的略圖（第一次打算給客戶三張樣稿，那麼至少要提出六張略圖），由接手的團隊跟美術總監一起來決定哪些略圖要進一步作為第一回合的樣稿。

4. 開砲會議

與會者：接手的團隊跟沒被指派給案子的人手。

簡介：設計師與非設計人員開會檢視及討論樣稿之後才呈送內部批准。這場合應該像校園討論，有模有樣提問及回答（回想一下除了兄弟會、異性、球賽分心以外的大學生活）。設計應該經過嚴格的檢視，力求做出最好的品質，不該出現像是「我覺得不錯」這種意見，力氣要花在「如果 - 會怎樣」式的質疑。如果這裡這麼設計會怎樣？如果這裡做的跟這網站一樣會怎樣 ……？與會者的口氣應該是，怎麼做會更好？無關一開始交出的原稿有多好，此時要想的是，一定還有進步的空間。

目標：仔細檢視設計，並開出詳細的改進清單。

交辦：接手的團隊採納批評的回饋意見，在樣稿上做好相應的修改，為「喝采會議」準備。

5. 喝采會議

與會者：接手的團隊、美術總監，以及其他視組織架構而定的公司經營團隊成員。

簡介：接手的團隊對第一回合的樣稿准駁，進行內部的簡報。這個會議應該至少提前表定給客戶的交件日一天召開，好完成任何的最終內部修改。

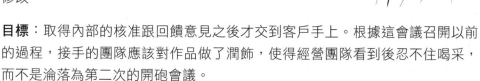

目標：取得內部的核准跟回饋意見之後才交到客戶手上。根據這會議召開以前的過程，接手的團隊應該對作品做了潤飾，使得經營團隊看到後忍不住喝采，而不是淪落為第二次的開砲會議。

交辦：內部核准附帶管理階層做的臨時最終修改。

你會意外許多設計公司平時做事是多麼的鬆散。在平面設計跟美術學校，教室牆上往往掛滿構想，設計會定期展出給全班一起評論。不過，我待過的公司（包括我自己開的）大多忽略這道程序，好加快腳步趕上期限，這種情況，遭殃的是作品的品質。維納斯行動有一部分（或全部）能輕易的被設計公司納為己用，方法精簡，不需曠日費時，就能大幅提升作品的品質。

37 進擊的流程

接案到開公司的過程轉變充斥著調整，像在爬山而且時時要改變策略以持續前進。我剛僱用人手時，製作過程每半個月就改一次（我的團隊有諸多怨歎），擴展的速度之快，好像每次招募新人，就需要微調過程，讓公司不致於停擺，並且為某些團隊及專案，找一個優點最多的制度。對某經手 10 件案子的三人團隊行得通的，對經手 20 件案子的五人團隊可不一定。

為了要實施最好的制度，我們注意到，有一套明確的專案追蹤及執行程序很重要。下面是一些我在不同職涯階段，專案管理採取的追蹤及執行程序的觀念。

程序一：待辦清單

算是老生常談，不過效果對獨立接案者也不錯。拿出一張紙，列出需要做的事情，完成以後就劃掉。（有興趣的話，不乏待辦清單的應用程式）

運用時機：這法子容易執行，而且對只經手少量案件的個體戶有用。

程序二：收件匣

自從多年前我開始在 email 收件匣「動手腳」後，就一直保持這個作法。只要把需完成的工作 email 給自己，每完成一項工作就歸檔或刪除。這方法很容易追蹤工作，大多數的人會規律收信，如此一來就會連帶追蹤待辦的工作。

運用時機：這方法最適合單打獨鬥、案件不多的接案者，不過，我自己有在實踐，它對大企業跟執行階層也是一樣好工具。

程序三：寫白板

上世紀 90 年代末網路泡沫期間，我是一個小型團隊的創意總監，正著手建立網路上最早的兒童互動環境。每天早上七點半左右，我會接到執行長來電，向他報告網站的種種，以及前一天做的事。那時網路業炙手可熱，我們急於搶先一步到位。我們的目標遠大，每天有許多新內容上線，而我們的方法很簡單：把要做出來跟做完的全部列在白板上，有人完成某個項目，就在白板上劃掉，並且在下一個處理項目旁署名。這方式大家都愛，一來簡單，二來各人可以決定要做的項目，擁有一些自由。

運用時機：這程序簡單而且可以擴充，最適合處理同一件大型專案且專業相似的多人團隊使用。

程序四：工作卷宗

最早僱用我的設計工作室，就是採用這個方式，幾度短暫到其他公司工作的期間，我照搬了這個方法。每個專案開一個卷宗（從牛皮信封到透明塑膠工作夾克，什麼案子都可以），裡頭有張詳述專案範圍的文件。工作卷宗象徵職責，卷宗的擁有人，要承擔案子的監工與執行之責。當案子經手於開發團隊，卷宗就在執行各項目的成員之間轉手。

運用時機：這程序很適合印刷頻繁的設計環境，工作卷宗方便存放刊物的校樣，專案範圍也容易記在紙上，畢竟印刷品的範圍不像互動式的案子那麼常改。不過在互動式媒體專案的製作環境，這程序也能順利運作。

程序五：鍋爐原理

由於腦袋自然而會這麼運轉，所以我個人喜愛這方式，在職涯好幾個階段，曾用它管理製作團隊及大批專案。替大白板（或類似的東西）劃分欄位（可以用膠帶，文具店大多有賣），專案每個階段會用一個欄位，下面的階段跟我至今遇到過的多數製作環境一致：

- 估價
- 等案子放行
- 構思
- 初次樣稿
- 等待回饋意見
- 第二次樣稿
- 等待回饋意見
- 最後樣稿
- 等待核准
- 初次建置
- 等待回饋意見
- 第二次建置
- 等待回饋意見
- 最後一次建置
- 等待核准
- 上線／交貨

現在替每件專案做張「專案卡片」，寬度等於欄位尺寸（也許是 3×5 吋，或用便利貼或其他類似的東西），接著只需把專案卡片放到所在的階段，你的目標是移動卡片通過各階段，直到專案結束。

運用時機：這方式是掌握營運專案全貌的好法子，開製作會議也比較容易，在討論各項專案時，只要問團隊：「這專案進到下個欄位需要什麼？」

程序六：數位系統

數位專案管理工具使用普遍，而且在幫助專案的團隊合作方面，能發揮無比的功效。借助數位專案管理工具，我們成功跟世界各地的人，共同協力執行專案。

我們公司是用 Basecamp®（www.basecamphq.com），有很多其他選擇，各有其優缺點，有興趣以數位工具管理專案的人，做些研究並挑個適合自己的。

運用時機：數位專案管理工具，最適合大型團隊經手大批專案的企業。數位的方式往往能輕易處理 10 到 100 件同時運作中的專案，大多需按月付費，所以最適合用於任職企業或全職接案者，連綿不斷的工作流程，會讓每月費用值回票價。

38 成功登上山頂的步驟

我兒子加入童子軍，這些小朋友，似乎有排不完的野營行程。每次野營，活動會排入健行，我為了扮演稱職的父親，場場都陪著他，我兒子喜歡參加活動，而我喜歡陪著兒子 …… 並且為此忍受露宿難以入眠的克難夜晚。我自認為很有資格談露營這件事，我沒有姊妹，成長過程是四個兄弟一起露營和健行；長大以後，我才明白每次一放假，父母就帶我們出門野營的理由。首先，這樣一來用不著在意粗魯的兒子弄壞森林的東西，其次，一整天的徒步旅行，能讓小孩晚上乖乖入睡。

有些公式有助於健行者抵達終點，許多我親自實踐過，但最近才發現健行策略跟製作環境的關聯，底下是分析三種健行型態，跟它們對應的製作環境。每一種型態的目標，是要順利抵達終點，對健行者來說，終點是一處地方，而對平面設計製作而言，終點是順利結案（能準時完成，並且交付在各方面皆超乎客戶預期的成果）。

類型一：終點就在那裡 ……

我走過的行程，大多屬於這一種。公園管理員或某個「有見識」的人，指著森林的某個方位，說：「終點在這個方向。」各組健行者就走進林子，憑著大概的方位，希望找到地點，一般都會抵達終點，中途可能走錯幾次路，掉頭重走，偶爾會迷路，然後走回起點，當然也有完全找不到路的人。

多數製作環境的運作方式跟這類似，有點像在「瞎子摸象」。公司的老闆或業務，把案子交給團隊，告訴他們：「這件就這麼做 …… 加油！」試圖順利讓專案完工。團隊接下案子，開始摸索，打算理清頭緒，順利做完案子。設計師可能搞錯方向 ……，靠老闆或客戶指點，總算走上軌道；案子可能沒趕上期限。這種作風經常造成製作團隊跟客戶雙方失望，日復一日如此行事的設計團隊數不勝數。

類型二：路上有人指引 ……

有經驗老道的導遊作陪的路程可能很有趣，你收拾好行囊，想也不想，跟著導遊，完成依循他們判斷。導遊知道終點在哪，你只需跟好腳步，聽他們指示爬上、爬下、轉彎，有時他們會給你安全繩，並告訴你腳步踩在哪裡。

這類型的製作環境，可以非常順利的做好專案，你只需要一名強人，知道怎麼把客戶的案子做好，這人通常由美術總監或創意總監擔任，他們到處遊走，為每個案子發號施令。我在幾個地方扮演過這角色，對不想做困難決定的設計師而言，這環境聽起來很理想，但實際上，卻會使每個人失望。設計團隊厭倦被耳提面命，美術總監或創意總監質疑其他人怎麼不動腦筋，還得當心強人生病或請假，公司上下會雞飛狗跳！何況，這策略不具擴充彈性，公司業務一旦成長，你的強人手下有辦法有效掌管的案子跟人手，會遇到極限。

類型三：詳細的地圖 ⋯⋯

健行者最好的機會，是拿到一份熟悉這一帶的人做的地圖，而且有人知道怎麼用它。想像有份地圖，把步道的里程標好，在叉路指明方位，提示沿途需要注意的地方，提醒要帶多少飲水，每段路程要花多少時間，這樣的話，外行人據此也可以找到前往終點的路，實際上，許多方向感有問題的人，就是靠著詳實的地圖，抵達美妙的終點。

出於有見識的行家之手的書面流程，是專案製作環境最保險的運作方式。這不光是大概的流程而已，例如案子放行、製作網站、跟客戶請款，週而復始，諸如此類，很多公司以為這樣做，就算製作流程了；我指的是各類專案鉅細靡遺、一板一眼的流程，唯有深入計較要做的細節，你才能確保自己，或其他製作團隊不會忘記在重要項目上行動。我公司有一系列的專案待辦項目清單，客戶一放行案子，我們附上適當的待辦清單，接著交到製作團隊手上。嚴謹的待辦清單的作風，成為案子順利完工的指標。

以下是我們公司制式的待辦清單，是完成案子的詳細地圖。工作清單根據每件案子學到的教訓，不停改變內容，範圍從專案啟動，到結案並歸檔為止。

專案啟動

☐【客戶】公司收到案子的消息（從網站、電話、介紹、業界活動及其他等等）

☐【我方】跟客戶討論，驗證消息的正確性。

☐【我方】確認以後，打開 Basecamp 軟體，加入該客戶與相關專案（在 Message 新增名稱、電子信箱、電話號碼，跟專案簡介），接著就可在該管理工具查詢專案。

提案

☐【我方、客戶】釐清的電話、會議或 email。

☐【我方】內部概念激盪，擬定範圍。（要求工時、格式、製作團隊的策略，透過 Profitability Matrix 試算表對照工時與定價，還有比對《平面美術同業公會手冊：訂價及倫理指引》列的公平市價）

□【我方】在範本上根據歸檔的提案，編輯正式提案。（向製作團隊確認工時，以及向資深管理階層確認專案價格）

□【我方】內部提案驗證。

□【我方】送交正式提案給客戶。（務必把最新的郵件副本寄給合適的資深管理階層與行政經理，主旨註明已通過──提案、專案名稱）

等案子放行

□【我方】取得客戶的提案收到通知。

□【客戶】放行、提議修改，或否決提案。

□【我方】提議修改的話，案子要回到提案階段，相應的作業照樣要進行。

□【我方】否決提案的話，把案子歸檔；公司私下或其他途徑，問客戶最後為何撤回案子。

□【我方】客戶答應案子放行，公司接著製作正式文件。（可能有：SOW、PO、報價同意書、電子郵件確認信、客戶建檔流程⋯⋯等等，視客戶的關係而定）。

開工

□【我方】宣佈專案放行。（給全公司發送通知這項好消息，可以透過 email、佈告欄、聚會，視案子的等級而定）

□【我方】指派專案的指揮者。

□【我方】業務或管理階層寄通知放行的郵件給客戶，副本給專案指揮者、行政經理，與適當的管理階層。（通知放行的郵件，代表責任由業務移交到製作團隊）

□【我方】專案指揮者回覆郵件，並寄信要求召開開工會議。

□【我方】行政經理回覆郵件，附加會計資訊郵件。

□【我方】行政經理新增案子到會計文件中。（QuickBooks、What Are We Going to Bill 試算表、Proposals Sent 試算表、Commission Tracking 試算表、更新 Numbers Board）

☐【我方】在 Basecamp 中建立專案。（記得在專案的 People and Permission 索引標籤加上公司跟客戶，以及指出專案指揮者的職稱）

☐【我方】新增 Profitability Matrix 試算表（PMS）的時數到 Basecamp 軟體。（留意時數寫為負數）

☐【我方】在 Basecamp 新增 Milestones。（Milestone 的格式為：客戶名稱：專案名稱 |Milestone）

☐【我方】在每個 Milestone 附加制式的待辦範本。

☐【我方】針對專案，改訂待辦範本。（增刪待辦項目、加上待辦項目的日期、視情況為項目指定專人）

☐【我方】在 Basecamp 中建立客戶的帳戶。（包括個人說明部分的 Basecamp Instructions Message）

☐【我方】到製作管理工具建立專案啟動訊息。

☐【我方】寄出首次付款發票。

☐【客戶】收到首次付款發票。

構思

☐【我方】先在開工會議議程表上填入已知資訊，發送給客戶，替接下來的開工會議做準備。

☐【我方、客戶】開工會議。

☐【我方】開工會議結束半天內，把完整的開工會議議程寄給客戶。

☐【我方】收到客戶開工會議議程注意事項的確認。

☐【我方】製作概念文件（包括開工會議議程注意事項、網站地圖、框架、技術策略）

☐【我方】概念文件的內部審查、評論。

☐【我方】寄概念文件給客戶。

☐【我方】收到客戶對概念文件的確認。

第一次樣稿

☐【我方】設計第一次樣稿。(樣稿的數目應配合專案範圍 -- 通常網站這階段會提二到三個樣稿,重點是多樣化——框格、瀏覽格式,及其他等等;logo 一般包含六到十個初步的構想;印刷品通常會提二到三個樣稿)

☐【我方】第一次樣稿的內部審查、評論。

☐【我方】寄出第一次樣稿送達通知信給客戶。(網站樣稿應在 HTML 並排顯示插入的 JEPG 檔;logo 樣稿應該寄 PDF 檔,第一頁列出所有選項,內頁每一頁顯示一個 logo;印刷品應該寄 PDF 檔,並試作實際看到刊物的效果 ——並列、加上陰影)

☐【客戶】提出第一次樣稿的回饋意見。

第二次樣稿

☐【我方】設計第二次樣稿。(根據客戶意見,修改某一個首頁的樣稿,並製作一到二張子頁面)

☐【我方】第二次樣稿的內部審查、評論。(評論範圍應該包含客戶要求的修改,好對客戶提的要求,進行內部確認)

☐【我方】寄第二次樣稿送達通知信給客戶。(此時只寄新設計給客戶。網站樣稿應在 HTML 並排顯示插入的 JEPG 檔;logo 樣稿應該寄 PDF 檔,第一頁列出所有選項,內頁每一頁顯示一個 logo;印刷品應該寄 PDF 檔,並試作實際看到刊物的效果——並列、加上陰影)

☐【客戶】提出第二次樣稿的回饋意見。

最後樣稿

☐【我方】設計最後樣稿。(對照第二次樣稿修改,根據客戶回饋的意見,製作一張首頁樣稿的設計,以及一到二張子頁面)

☐【我方】最後樣稿的內部審查及評論。(批評應該包含客戶要求修改的審查,內部對有沒有達到要求予以確認)

☐【我方】發送最後樣稿送達通知信給客戶。(此時只寄送新設計。網站樣稿應在 HTML 語法並排顯示插入的 JEPG 檔;logo 樣稿應該寄 PDF 檔,第一頁列出所有選項,內頁每一頁顯示一個 logo;印刷品應該寄 PDF 檔,並試作實際看到的效果——並列、加上陰影)

☐【客戶】批准最後樣稿。(客戶可能會提出比較不要緊的設計要求,應該在初次建置階段處理。任何重大的設計修改要求,應該知會管理階層,用第二次樣稿工作清單另外寄一次樣稿給客戶)

初次建置

☐【我方】取得裝載要用的信用卡資訊。

☐【我方】備妥伺服器軟體。

☐【我方】登錄或把域名轉移到伺服器。

☐【我方】發送 Email 地址需求通知信,建立客戶的郵件帳號。

☐【我方】發送素材需求通知信(文案、圖片及其他等等)。

☐【客戶】交付網站用到的素材。

☐【我方】發送 SEO 需求資料確認信。

☐【客戶】回覆 SEO 需求資料確認信。

☐【我方】建立初次建置。(做出所有網頁。視手上的素材跟時程,有些網頁可能沒放上拍板定案的內容,不過所有網頁都可以點擊,不要做一個拋錨的網站。)

☐【我方】初次建置的內部審查及評論。(確定拿做好的網頁跟通過的樣稿一起比較,確定設計沒走樣)

☐【我方】發送初次建置送達通知信給客戶。

☐【客戶】提出初次建置的回饋意見。

第二次建置

☐【我方】建立第二次建置。（根據客戶的回饋意見做出調整，合併所有客戶的內容跟圖片，修飾做好的網頁、Flash 動畫及其他等等）

☐【我方】第二次建置的內部審查及評論。

☐【我方】網站加入 SEO 資訊。

☐【我方】安裝 Google Analytics。

☐【我方】發送第二次建置送達通知信。

☐【客戶】提出第二次建置的回饋意見。

最後建置

☐【我方】建立最後建置。（確定網站所有層面的功能正常運作，客戶對第二版的修改都做了）

☐【我方】進行「黑客松（Hackathon）」（至少須交由兩人利用確認清單完成）。

☐【我方】發送最後建置送達通知信。

☐【客戶】核准最後建置。

☐【我方】實施客戶教學會議（使用客戶教學會議議程表單）。

☐【我方】將網站封裝提供給客戶。

☐【我方】發布網站。

☐【我方】最後實際點擊驗證（至少需由二個人）。

☐【我方】發送上線通知及來源檔案傳送通知信。

事後檢討

☐【我方】等兩、三天，確定客戶滿意交付的成品，然後從 Basecamp 軟體寄出專案完成通知訊息。

☐【我方】內部透過驗收議程來討論專案。

結案

☐【我方】在 Basecamp 軟體中歸檔。

☐【我方】歸檔並備份來源檔案。

☐【我方】開最後一次發票。

☐【我方】去電客戶，專案收尾。(利用專案收尾通知電話議程表)

☐【我方】更新財務試算表及其他等等。

☐【我方】收取尾款。

案子很少一模一樣，客戶的作風也不盡相同。有時我們公司只接到網站程式設計的工作，所以勢必得把牽涉到設計的待辦事項通通刪除，重點放在彈性增刪待辦清單，妥善配合每一件專案。

公司一旦運用書面及詳列式的流程，員工就不會毫無方向、漫無目的摸索朝終點前進。過程中，不需仰賴某些能人到處耳提面命，逐一下達指令，待辦清單這個方法，對任何人來說，類似於地圖，指點眾人順利抵達專案的終點。

有了詳盡的製作流程，額外好處是第一天上班的菜鳥，做起事來也能像老兵一樣。詳列待辦清單這一項作法，在任何平面設計製作環境，都是莫大的助力。判斷平常做的案子的類型，接著為各種專案類型成事的地方，建立專屬的明細清單。

39 下班免於急就章

創業伊始，我招募的是一些資歷尚淺的員工。坦白說，我的顧慮是高薪員工會拖垮我，所以採用了低成本的財務解決方案。隨著企業規模成長，旗下員工的技能也隨之累積，而這批人的升遷，肇因於我招募一批資歷更淺的員工。現在，我們的情況變成一批資淺主管帶領一批資淺員工。我很快注意到，這些新晉升的主管，愈來愈晚下班，努力想把自己的工作按時完成。下班時間亂成一團，菜鳥員工在旁看戲，菜鳥主管搔頭摸耳，試圖在下班前替案子收尾。

後來我們明白自己已一腳踩進了授權的泥沼。菜鳥主管能夠搞定自己的案子沒多久，如今就要充當其他人的救援投手。我們頒發一份文件，替那些菜鳥主管進行訓練，幫忙解救他們的困境。

這份文件叫「紓解下班急就章的管理策略」，立意是要主管應該做自己做得到的，然後把剩下的部分發落出去。帶人的人，必須明白自己的角色，而且幾乎要把其他全部交待給別人，好讓業務順利運轉。以下有一些事項，一般是會交給團隊的菜鳥，好讓當天下班的壓力得以紓解。

郵件內容

交待某個人替你寫好郵件，再趁早把副本寄給你。我建議大多數用途的郵件，要有制式的寫法，畢竟，改現成的總是比從頭寫一封新的簡單。提早寫好的郵件，會比較詳細，也比較不潦草。留到最後一刻才寫，通常會急就章。另外，給自己擬份事項清單，把郵件留到比較晚做，作為最後的環節，可以產生事情做完的快感。先把收件人、副本的欄位空著，要寄出時再填上（通常是下班前），以防不小心按下寄出鍵。

候用圖片

案子會用到圖庫，找個手下替你挑候用的照片。甚至可以交待他們，把候用圖片的連結寄給你，你挑好以後，他們再下載並放到伺服器。

下載客戶的素材或上傳檔案

交待菜鳥到 FTP 下載檔案，或把案子上傳交件。這是一道耗時的手續，而且不需主管協助就能辦好。

蒐集跟驗證素材

把素材彙整到伺服器、製作「整齊」版本（像是合併美工圖層、仿製、擴大背景等）、裁剪適當解析度（在網路或互動式的專案）等手續交待出去，蒐集跟編排客戶文案的工作也是。

在表定時間前一天（或更早）先著手新專案

交待某個手下做這件事。要做的可能只是打開 Photoshop，匯入素材，然後關閉程式等到起始日動工。這麼做能夠使壓力大幅減輕。

除了交待別人工作，為自己設一個下班之前要把當天工作做好的期限，可以減少下班時間的壓力。把完工的時間表提前到下午四點，不要等到下午六點，四點到六點的時間，用來做表定隔天要交的案子，好讓自己快那麼一步。

減輕工作日壓力的祕訣是對別人交待、交待、再交待。藉由把工作分派給整個團隊，每個人都可以在最輕的壓力下，如期完成自己當天的工作。

40 案子為何不得善終

我們每年會看見一、二件案子爆掉。客戶不再客氣，而我們一肚子氣，快速縮水的預算少得可憐，範圍又太大。出現這種情況，客戶的無知跟無良通常難辭其咎，不過我不喜歡指責別人，一向先從自己檢討起，我會問自己，當初要是有做什麼，就能讓災難減輕？而得到的答案總是：一開始別偷懶，不就什麼事都沒有。屢試不爽。我職業生涯裡碰過的每個「奧客」的「爛攤子」，若是在案子一開始將細節劃分做得好一點，結果就不會那麼慘烈。跳過這個步驟，無異給自己找麻煩。

設計師往往希望直搗黃龍，直接做最有趣的部分：美術設計。「幹嘛在意精確的規格？那個以後在弄就好了。」至今由於持有這種心態所陷入的困境，比其他任何壞習慣都還要多。「設計」向來並非專案開始的第一步，細心、組織化、蒐集細節才是真正的第一階段。

很多時候，為了儘快得到動工許可，我們的提案變得太籠統。舉例來說，有個客戶來找你做手冊，你把提案寫好，開心的交到客戶手中，上頭列好價錢，以及你對「製作宣傳 A 客戶公司的企業手冊」的清楚聲明。有時為了承攬業務，你提案時留一點模糊地帶並不是壞事，只不過，在還沒跟客戶商定好詳細的工作範圍以前，你可別自己先動工。

「製作宣傳 A 客戶公司的企業手冊」這句聲明，得要打散成下列細項：

- 三折式手冊
- 8.5 吋 × 14 吋
- 六個區塊
- 四色印刷（雙面全彩）
- 不須購買圖庫（客戶會提供照片）
- 不必撰寫文案（客戶會提供文字）
- 不含印製（客戶會直接向印刷廠聯繫）

我職業生涯裡碰過的每個「奧客」的「爛攤子」，若是在案子一開始將細節劃分做得好一點，結果就不會那麼慘烈。

像這樣的簡單細項，讓你多一層保障，在聽到客戶說：「我以為當初的價錢是包括圖庫」，或者「我以為手冊會做大一些，而且會有 12 個區塊」時，可以把球踢回去。如果沒列出手冊的規格，情況就會演變成「一件案子，各自表述」，這時贏面往往是在花錢當老大的客戶這邊。

這個策略可以用在所有類型的平面設計案件，從 logo、手冊、招牌到網站，無一不可。每件案子需要一開始就做好清楚的規範，穩穩的把日後案子爆掉的機會降低。

視情況界定好下面這些項目：

- 尺寸

- 構想

- 特色

- 功能

- 線框圖（wireframes）

- 網站導覽（site map）

- 包含的內容

- 排除的內容

- 可修改次數

- 專案持續期間

省掉這些細節，是替自己找罪受。好好透過細項的確認，與客戶想法達成一致，在案子接下來的過程裡，設法達成他們的期待。

ㄐ 紙 筆 有 它 的 好

本單元一開始我要聲明一件事，我本身很迷高科技產品：每一版的 iPod 我都有；Graffiti 手寫輸入我寫得好極了；我戒掉黑莓機時期的滾輪習慣，成功改用 iPhone 的手指滑動功能。這麼說好了，凡是鋁合金製而且上頭有 Apple 標幟的產品，若是我手頭上沒有，過沒多久一定會出現。這些年來，我從跟這些高科技產品「交手」的經驗，悟出一個道理，那就是，紙筆有它的好。

進來我們公司，每個人會收到一具「低科技 PDA」，跟尖端的高科技智慧手機搭配使用。這具「低科技 PDA」其實是我們替筆記本取的別名，我們是 Moleskine(r) 經典款的愛用者，有了這具「低科技 PDA」，再隨身帶枝筆，走到哪裡都如有神助。它的功用有：

清空「心智記憶體」

大衛·艾倫在 2000 年出版的一本書《Ready for Anything》，首次提出了「心智記憶體」（psychic RAM）。你的心智跟電腦一樣，配備了記憶體，從起床開機以後，記憶體資訊愈裝愈多，你的大腦嘗試儲存並組織全部的資訊，卻可能出現超載的情形，就跟開啟太多視窗跟應用軟體，會讓電腦當機一樣。

> 你的心智有時也會出現程式錯誤，直到你重新宣告，決定要怎麼解決，接著替輸出結果與動作事件，找個你信任的位置寫下註解，方便你隨時在需要時能夠查看。
>
> 解決方案很簡單：把它寫下來。看著它，動手做或告訴自己「現在還不到時候」，而且有信心日後重新檢視時會出現更好的選擇。將自己的心智升級到更優越的系統上，使之具有大空間並得到更好的處理效能。
>
> ——《Ready for Anything》，2003 年，頁 26、27

在我的情況，他所說的「解決方案」，就是這具「低科技 PDA」。我幾乎總是隨身攜帶，甚至睡前會放在床頭。許多次我半夜醒來，小心翼翼不吵醒妻子，把在「心靈記憶體」翻騰的東西寫下來。快速記下不想忘記的重要念頭或工作，而且，我有自信早上醒來會查看筆記，所以可以放心沉沉睡去。

迅速筆記

用「低科技 PDA」寫筆記，我幾乎不怕跟哪個用智慧型手機的人比快。我不是指用標準鍵盤，而是用手機螢幕的鍵盤。智慧型手機好歸好，但螢幕鍵盤實在沒辦法讓用戶以拿紙筆般的速度作筆記。再者，搞創意的人做起筆記，經常是草稿跟鬼畫符兼具，用智慧型手機是很難做到這個程度的。

畫圖

智慧型手機跟其他裝置，正在朝繪圖功能的方向前進，但尚不足以取代紙筆。「低科技 PDA」很適合拿來速寫設計理念、框格、草圖、故事情節，甚至 logo 概念。平面設計是「看外表」的行業，有個畫出形象的地方，一點都不意外。

裝認真

每次開會都要把「低科技 PDA」帶去。會議中記事的動作，使你看起來像對發言很有興趣。更棒的是，記事這件事，本身就有助專注於發言，自然就可以真的認真起來。在跟客戶或公司高層開會，這是一個重要的形象，你把發言記下來，使對方覺得受到重視，你就贏得信任跟賞識。

「低科技 PDA」的好處有很多，我上頭只列出一部分。別誤會一件事，我本人是信任高科技的，只是，高科技不是所有方面，都足以取代傳統紙筆的好處。

42 回首來時路

有些案子一帆風順，有些案子慘不忍睹。事情順利的時候，我們通常暗自竊喜：「看吧，我厲不厲害！」案子出錯了，我們可能會指責客戶，怪罪：「他們一點概念都沒有。」或者：「這客戶有夠腦殘，到底懂不懂設計呀！」至今為止，以上的念頭，都曾經浮現我的腦中 …… 欸，上禮拜才全部出現過。這些念頭沒有一個有助於你在下次專案做出更好的成果。

想在把專案做好這方面的能耐有所長進，唯一的途徑是每次都能學到一兩招新的招式。保證正確分析每個案子的方法之一，是召開事後檢討會議。打個比方，事後檢討就像驗屍的醫生從解剖大體跟內部器官來判斷死因，並執行其他醫學評估。驗屍以後，醫生能做出顯著的發現，並且在醫學上取得重大進展。

每次案子結案後，穿上你的手術衣，拿起手術刀，有一具屍體正等待仔細解剖。這個簡單的步驟，能幫助你確實從經驗學到東西，日後不會一再犯同樣的錯誤。下面是我們著手實施的檢查程序：

事後檢討事項

- 專案名稱

- 順利評分（1 分代表像災難，10 分代表像升天）

- 做的對的地方

- 做錯了的地方

- 要改進的地方

作筆記把事後檢討會議的紀錄全部寫出來，放到所有成員都拿得到的地方，確保全體同仁都能從經驗學到教訓。回答問題的時候，挖的越深越好，要能坦然面對殘酷的真相。

在分析案子，發掘「做的對跟做錯了的地方」時，要小心出現含糊的答案。下面舉了一些好跟不好的事後檢討作法，姑且假設案子是個天大的災難，客戶對每個地方都不爽，到最後，你甚至全額退回款項，只求眼不見為淨。

不好的事後檢討作法

> **事後檢討事項**
>
> 專案名稱：魚餌 & 釣具店網站
>
> 順利評分：1 分
>
> ------
>
> **做的對跟做錯了的地方**：案子搞砸的原因出在客戶不知道做網站需要什麼。
>
> ------
>
> **要改進的地方**：不要接對網站設計一無所知的奧客。

上面例子的關鍵字是「一無所知」。知道了，所以呢？比較好的事後檢討評估，是做一份一無所知的客戶會有的特徵，然後把過程做些變更，確保日後別不小心又接了同一型的客戶。

好的事後檢討作法

> **事後檢討事項**
>
> 專案名稱：魚餌 & 釣具店網站
>
> 順利評分：1 分
>
> ------
>
> **做的對跟做錯了的地方**：案子搞砸的原因出在客戶不知道做網站需要什麼。下面列了一些辨別潛在問題客戶的具體情事：
>
> ● 客戶有問不完的問題。
>
> ● 客戶講話的語氣流露出不屑。
>
> ● 客戶在成案以前砍了三次價錢跟範圍。
>
> ● 客戶顯得不願意花時間跟心力好讓案子成功。
>
> ------
>
> **要改進的地方**：我們在提案階段會觀察以上特質，好找出問題客戶。一旦發現這些特質，我們會跟客戶開誠布公，確定雙方搭得是同一條船，齊心把產品做好。假使我們覺得客戶不保險，案子就取消，不會展開。
>
> ------

以下是另外二個好跟不好的事後檢討作法，讓你得以複製成功案子的經驗。

不好的事後檢討作法

> **事後檢討事項**
>
> 專案名稱：洗車商 logo
>
> 順利評分：9 分
>
> ---
>
> **做的對跟做錯了的地方**：案子最大的功臣是 Josh 設計的好 logo。
>
> **要改進的地方**：以後做 logo 的案子都交給 Josh。

接下來的每件 logo 案子，都要求明星設計師 Josh 做，未免強人所難。目標是想出要怎樣複製 Josh 搞定 logo 案的手法。

好的事後檢討作法

> **事後檢討事項**
>
> 專案名稱：洗車商 logo
>
> 順利評分：9 分
>
> ---
>
> **做的對跟做錯了的地方**：這案子極為出色。Josh 設計了很棒的 logo，簡直像客戶肚裡的蛔蟲。以下是 Josh 得以站在客戶角度，了解對方想要什麼樣子 logo 設計的關鍵做法：
>
> ● 著手設計工作以前，給客戶看概念草稿。
>
> ● 打電話給客戶詳細討論概念草稿。
>
> ---
>
> **要改進的地方**：我們現在規定，每個 logo 案子在設計工作開始以前，要新增概念草稿的階段。

事後檢討接手的每一個案子（不管案子多麼成功或失敗），能夠幫助你不要重蹈覆轍，並複製好的案例。這類會議不需要開很久，也毋需過度正式。少則花幾分鐘，回首來時的路，就可以使未來大為改觀。

43 打草驚蛇

我在印地安納州北部靠森林的湖邊長大，抓蛇是我跟其他四個兄弟的休閒活動，我們會在林子裡待一整天，拿個罐子跟一根棍子，追捕這種在地上滑行的動物。我們很怕侏響尾蛇這種罕見毒蛇，打從心底認為牠在這一帶四處滑行，咬遇到的小孩子。我們用棍子拍打樹叢跟草叢，把躲藏的蛇引出來。蛇一旦跑出來，我們就能分辨是恐怖的侏響尾蛇，或是我們想抓的無毒束帶蛇（garter snake）。

我們兄弟很好運，沒人被響尾蛇咬傷過。不過在商場上，我有許多次因為忘了打草驚蛇的道理而被咬傷的經歷。我們常常太快一頭栽進案子，而忘了先把全部的細節打理清楚。當設計師的人，時常一廂情願，想直搞有趣的部分──設計。這衝動太過強烈的話，會跳過最為重要的細節調查階段，沒有先打聽案子的底細，就決定大腳一踏，暴露在被咬傷的風險當中。事實上，無法善了的案子，十之八九一開始把細節打理好的話，原本是可以不讓最壞的結果出現的。

每個案子一開始，團隊會跟客戶舉行一個開工會議。不管人到或透過電話，並不影響會議的成敗。開會前，我們會把議事項目寄給客戶。（重點：我們會先填具當下已知的專案有關資訊，再寄給客戶。我們不想給客戶添麻煩，何況，很可能在提案過程就掌握好些資訊了）

開工會議的事項包括下列的問題（重申一次，先填好已知的資訊）。事項因人而異，**重點是深入挖掘，提出你對即將展開的專案想了解的所有問題**。

開工會議事項

專案事項

- 專案要交付哪些內容？

- 目標閱聽眾有哪些統計？

- 最大的競爭對手是誰？

- 本次專案的目標是什麼？

- 想要解決的是什麼？

- 案子成功的因素是哪些？

- 對案子有哪些顧慮？

創作事項

- 你們對於專案最終成果想看到的「樣子跟感覺」有哪些形容跟説明？

- 我方需不需要按照現有的行銷素材做到品牌一致性？

- 什麼顏色跟字型適合（或過去曾經用在）你們的品牌？

- 舉出一兩家跟你們對於專案最終成果想看到的「樣子跟感覺」比較接近的同行或相關產業的品牌或企業，並列出它們的網址。

- 舉出幾個你們不喜歡的同行或相關產業的品牌。你們不喜歡他們品牌的哪些部分？

- 應該用哪種照片或其他圖像來表現你們的品牌？

- 你們會為案子提供哪些素材？交付這些素材的時間跟途徑為何？

技術事項（以網路相關專案為例）

- 本次專案採用的伺服器環境為何？

- 你們這邊的技術聯絡窗口是誰？

- 你們是否知道伺服器適用於何種語法跟資料庫語言？

- 這個網站是否外連其他網站或技術應用（任何重要的第三方服務，像 Flickr、salesforce.com、RSS 訂閱、YouTube、Payments Gateways）？有的話，誰會提供那些元件的存取？

- 在開發專案過程中是否有規定使用的技術應用或框架（像 PHP、ASP、WordPress、ExpressionEngine、Drupal、CodeIgnitor、MooTools、jQuery、Zend、Kohana）？

結束與客戶的開工會議後，我們會寄給對方完整的創意策略單，包含所有專案相關問題的答覆。這項摘錄自開工會議的資訊，對於成功執行專案，以及確保每個人都有相同共識，至為重要。確保沿途上不會出現躲藏的蛇，被毒牙咬傷。

紅旗與減火器

企業普遍會標上「紅旗」的狀況通常代表「容易出差錯」，若不稍加留意便會倒大楣。在平面設計業，需要插上紅旗予以觀察的地方不勝枚舉。幾年前，我受夠了一再看見同樣的錯誤發生，便著手把設計業界中常見的紅旗一一標示出來。我替公司各個製作階段做好文件，指出要當心哪些紅旗；每一份都附了一旦出事用來撲滅火苗的文件，我們將這些規章取名為「減火器」。

客戶形形色色，狀況也不盡相同。減火器不保證一定滅得了火，但不失為一個好幫手。以下舉了一些我們公司挑出來的「紅旗」案例，以及一旦發生狀況的處置步驟。

紅旗：客戶對明確的方向交待不清，沒有「需求建議書」（request for proposal，簡稱 RFP）。

你見了客戶，聽他們滿口「這主意很好」，但是一旦你仔細挖掘，便可發覺對方不清楚要你製作哪些內容。無法在案子一開始就講清楚說明白的客戶，案子開始以後，屢屢修改範圍的機會很大，會釀成恐怖的專案管理體驗。

減火器 A： 一旦你覺得這客戶會出問題，把替他們釐清範圍的力氣省下來。簡單的應對就能對付，像：「先生，您的專案很好，我們了解你們想把它做好的心。為了準確為案子報價，我們需要您提供 RFP，您只需要以 email 列出所有想要我們做出來的部分即可。我們收到後，會據此計算金額。」這個作法，既不強迫對方搞懂，也修飾了你其實不太想做他們生意的意圖，如此一來，球被你踢回去，落在對方的場子。

減火器 B： 有時你覺得案子不是不能做，也看好客戶日後的潛力，假使你深感只需要推客戶一把（包括替他們想好），對方就能把話說清楚講明白了，那麼，就幫到底吧。為了讓事情有所進展，你可以說：「小姐，我們覺得這案子很棒，為了

準確估計金額，我們需要比較清楚的範圍，按照您的說法，我們會製作一份範圍文件，並且寄給您審閱，一旦細節底定，我們會把範圍文件改寫為正式的估價。」

紅旗：你問了案子的問題，但客戶不回 email 也不接電話。

客戶把案子丟給你，剛開始看似很順利，直到你有問題想問他，卻發覺對方有如人間蒸發。

滅火器：不要表現得像個隨時打電話查勤，生怕一不小心就會被拋棄的另一半。案子如果要緊，對方也真的希望由你來做，那麼就會找你。第一次聯絡以後，等個幾天或一個禮拜再找一次，問問看哪個號碼找得到人，視需要留下訊息，最後再發出最後通牒（要確定對方收到你的訊息，而不是消失在收件匣），如果依舊不回覆，就把情況跟上司講，並著手下一件比較保險的案子。

紅旗：客戶屢次要求你修改提案，才肯簽約。

2008 年我們公司接了一件案子，替一個高流量的知名娛樂網站重新設計。客戶仔細檢查了我們的提案，並且提出許多處的增、改。就這樣來回了一個月，改了八次以後，我們終於收到可以動工的通知。提案指出案子有三件樣稿，後來卻爆增到超過十五件，六個月的期間最後拖了快一年才收尾。我們學到一件事，提案過程的額外來回，通常導致其他地方的額外工作量。

滅火器 A：提案來回改了幾次以後，考慮把額外的樣稿加到工作範圍。這樣一來，你一開始對案子時間會延長就有個底，不會到了緊要關頭才猛然發覺上了賊船。

滅火器 B：談到價錢別客氣。一旦客戶開始對報價有意見，要堅持不讓步。對方要求額外的提案，大概也對案子因而增加的負擔心知肚明。

紅旗：客戶不對拍板的提案做覆認。

你寄出提案以後就無聲無息。一般來說，不回信是很沒有禮拜的舉動，所以沒收到覆認信，當下不一定馬上就打退堂鼓，但日後的確需要提防這種客戶。

滅火器： 客戶收到你的提案以後就不吭聲，很有可能是被價錢嚇到，或者對案子另有考量。首先，你得確定對方有收到，可以用電話或 email 聯絡，直到對方確認。接著，釋出你願意解決對方任何顧慮的意圖，不妨說：「先生，等您看完提案，雙方不妨見面談一談。工作範圍可以再討論，好符合您的預算，若您有其他顧慮，以至於遲遲無法下決定，也可以一併討論。」

紅旗：客戶看到列出的報價以後縮手。

你把提案寄給客戶，對方回覆你：「哇，報價怎麼這麼貴？」

滅火器 A： 既然你報出價錢，直接問對方有多少預算，接著重訂專案的範圍，好落在對方的目標價格區間。

滅火器 B： 替客戶進行機會教育。常見的情況是，客戶不太清楚做到自己提出的需求要花多少錢。很複雜的作業，在客戶眼中，卻好像很簡單。花一點時間跟客戶說明。簡單的把涉及的時間、項目、技術規格寫出來，有助於客戶明白把案子做好需要付出的代價。

滅火器 C： 內部決議案子是否值得用更低的成本下去做。有些案子不僅能帶來金錢回報，也許案子有慈善的目的，或有助於打進尚未涉足，但一直有意進軍的市場，或者案子能突顯功力，而且有機會得獎；這些只是一部分答應削價接案的考量。

紅旗：客戶允許動工以後，卻提出新功能跟其他想要加進的東西。

這舉動顯示對方有找麻煩的潛力。一旦範圍時時在變，案子期間，你勢必得面對漂移不定的目標。

滅火器 A：確定自己的提案已清楚列出工作範圍。若是客戶要追加的新功能為列於提案上，善意的提醒對方，雙方同意的工作範圍已經白紙黑字寫下來。對方若有意修訂工作範圍，你必須重訂原先預估的成本以後，再把新提案寄給客戶。

滅火器 B：會改範圍的客戶，採取「聘用費」（Retainer）或「專人服務」（Dedicated Resource）的付款方式會比較有利。跟客戶說明上述選項，建議對方重簽符合付款規模的合約。

紅旗：客戶希望延後支付第一筆款項。

一般來說，你會收了訂金再動手做客戶的案子。不過，如果你已經做了，客戶卻說想延後第一筆款項，就要當心接下來能不能順利收到酬勞。

滅火器 A：如果你有預感對方會賴帳，那跟客戶說案子會擱置到收到第一筆款項再復工。

滅火器 B：我們公司有不少財力雄厚的客戶，即使如此，請款到入帳通常會隔一小段時間。假使案子已經開工好一陣子，也沒有看見合理的說明，你有權力了解付款的進度，有禮貌的問對方：「小姐，請問跟貴公司合作案的第一筆到期款項，現在一切順利嗎？」

紅旗：樣稿客戶沒一個中意。

你可能從對方口中聽到：「這裡沒一個能用的，沒有一個讓我覺得特別。」

滅火器 A：提醒對方，把多次的樣稿往返，化為專案的血肉。樣稿的回合，目的是聽取對方的意見，好找出最佳的設計。他們最好能幫你指出他們心目中的方向，不管多不起眼的地方，像某個中意的字體，或順眼的角度，那麼雙方在拼湊客戶理想的版本，就能取得大幅的進展。

滅火器 B：客戶說出像「我不喜歡」之類的話時，別輕易放過。這種意見沒有建設性，跟客戶坐下來好好討論細節。具體的問對方不喜歡什麼：版面、顏色、字型 …… 諸如此類。你問的愈細，效果愈好。常見的情況是，客戶不是每一樣都嫌（客戶可能對這點也感到驚訝）。

滅火器 C：請客戶舉出自己中意的例子。針對客戶舉的案例，具體詢問對方中意設計的什麼地方。

滅火器 D：人緣再好的設計師，也無法取悅每一名客戶。我若遇到這種情況，通常認為問題出在客戶，而不是自己。一旦經過數回合的樣稿往返，依舊打不中客戶的心，那可能就是客戶「龜毛」。別害怕跟客戶斷絕往來、分道揚鑣。當然，這麼做可能得把到手的鈔票吐出來，案子甚至可能會賠錢，以求得順利斬斷雙方的關係，以及自己的苦惱。

紅旗：先前通過的項目，客戶現在卻說要改。

想像一個場景。你正在設計一個網站，你收到對方同意，來到專案的建置階段，你給客戶看了第一個可運作的版本，當下客戶卻說要把設計改掉。客戶出現這種舉動，一不小心就會讓案子迅速失控，所以應付的功夫好不好很重要，否則，原本一個月做好的賺錢案子，難保不會淪落為半年還搞不完的賠錢貨。

滅火器 A： 跟客戶講清楚，現階段要改設計，得要重新替某些項目寫程式。額外的樣稿來回，以及重新替網站寫程式，勢必會讓期限延後。不過，小心別跟客戶吵起來，你的語氣應該維持服務業一貫的水準，你的目標依舊是讓客戶滿意。

滅火器 B： 你的每份提案，應該要加上一行聲明：「專案在製作階段（印前或程式設計）變更同意的設計，得延長執行時間，並提高預算。」加了這段文字以後，後續談到變更設計的後果時，你就能夠更理直氣壯。

滅火器 C： 一旦雙方同意新增的成本，慎重起見，一定要把「變更通知單」寄給客戶。新增的成本要寫成書面給客戶看，確保到了請款的時候，雙方不會有誤會。

紅旗：來談案子的客戶是自己出錢或用家人的錢。

用的是私人或家人資金的案子，客戶動不動就會出現激動、敏感的舉動。當心！這種案子往往還伴隨客戶對工作苛求，以及對價錢錙銖必較的心態。

滅火器 A： 你必須定下一清二楚的工作範圍，提案沒有白紙黑字寫清楚的項目，客戶會理所當然地認為是你該做的。

滅火器 B： 要下功夫做出超乎預期的成果。自己出錢的客戶，一旦對你的表現感到失望，雙方的關係就再難重回正軌。

紅旗：客戶不按時提供素材。

案子執行的期間，經常會出現需要用到客戶 logo、照片、文案的場合，客戶要是不按時交付這些素材，倒楣的可能是期限日。

滅火器 A：清楚設下客戶要交付的期限日，確定客戶清楚而且同意約定的日期。假如你要用他們的文案來做星期三要交的手冊，對方要明白不自己動手是趕不上這期限的。

滅火器 B：要跟客戶講清楚不按時交付素材的後果，每拖延一天，通常表示接下來的進度至少也順延一天。

滅火器 C：打電話比寫 email 效果更好。別怕跟客戶講電話溝通預定交付的日期，以及說明維持進度的重要性。

滅火器 D：在專案中使用所有客戶已提供的素材，寄給對方，尚未收到素材的地方，就留下「插入檔案」的區域。客戶看到做到一半的設計，會更明白自己的重要。

紅旗：客戶連辦公地點都沒有。

我們遇過一位客戶，要做企業的品牌跟網站。我們前去拜訪時便發現對方跟其他四家公司共用辦公地點。他們口氣不小，一副錢很多的樣子。仔細看過案子以後，我們發現對方要重新設計的，其實是九個品牌以及每個品牌的網站。我們猜測對方預算不多，所以技巧性宣稱網站的程式可以再利用，經費比較省，原本品牌加網站每件案子索價一萬元，我們最後全部只收他們三萬六。我們將「特惠價」寄給對方，他們回信說：「哇，報價有點貴，你們報價要實際一點。」我們縮減工作範圍，重新報了個二萬五的價錢，他們回：「還是太貴了。」這價錢無法再低了，不然一定自己貼錢做，所以雙方決定分道揚鑣。我們浪費許多開會、提案的時間，一切都拜我們對「連辦公地點都沒有，還會有錢嗎？」這個警訊掉以輕心所賜。

滅火器 A：用盡一切法子，事先摸清客戶預算的底細。（參考單元 86）

滅火器 B：寄給對方不同範圍的報價選項，提供低價位、標準價位跟高價位的方案。

紅旗：客戶提出不切實際的期限。

客戶希望的案子期間短的嚇人，甚至像天方夜譚。

滅火器 A：清楚的向客戶說明每一件在期限內做的工作。案子假使有可能拖累其他工作，或是導致團隊要瘋狂加班，才有辦法趕上期限，你不妨考慮提高成本，收取「急件」費用。

滅火器 B：雙方要認知，急件的作業品質無疑會受到程度不一的影響。

滅火器 C：向客戶說明，要做到他們設下的期限，他們自己必須全力配合，提出回饋意見，而且加快內部簽核流程。客戶方出現任何延遲，肯定會導致趕不上期限。

紅旗：客戶跟上次合作的設計師不歡而散。

記住，你聽到的往往只是片面之詞。客戶講自己的，他們會批評設計師有多糟，但不會說自己有多難搞。在你還沒建立人脈以前，要當心上次跟設計師不歡而散的客戶，捫心自問，你會不會是下一個？

滅火器：問客戶上個設計師哪個地方出錯，導致局面不可挽回。清楚記下來，並且擬妥方案，確保自己不會步上前人的後塵。

紅旗：你替客戶製作的案子是他們唯一的經營事項。

平面設計多半跟某種行銷有關，目標是「銷售」某樣產品、服務或品牌。不過，有時你會遇到要替客戶「命脈」做案子的場合，舉例來說，某個沒有實體店面的電子商務網站就是要當心的對象，因為你做的設計或程式一旦沒用，他們就做不成生意了。這種案子要插上紅旗，不光是對方會造成的麻煩，還有對方為了「命脈」，會對你提出過份、額外的要求。

滅火器 A：你必須對客戶的行業跟經營模式有詳實的了解。多跟客戶開幾次會，能確保你對他們的掌握。研究的功夫要做足，確保你設計跟做出來的東西，能在優勝劣敗的場域發揮作用。

滅火器 B：不要報出天真的價錢。確認自己有充足的預算，有辦法好好下工夫，把案子做好。像這種案子，你最不想出現的情況，是案子預算太少而做不好。

當一名平面設計師，要特別當心工作出現的警訊。把紅旗找出來，並且著手對付，可以讓你免於水深火熱，逃過在電話一端欲哭無淚的下場。

我舉的案例，比起你工作以後會碰到的狀況，簡直就是九牛一毛。我建議你拿本筆記，寫下自己專屬的「紅旗」跟「滅火器」。看到黑影就開槍，是不淪落得全盤皆輸的良策。

45 腦力激盪的點子有 九成的淘汰率

腦力激盪是一群人聚在一起商量主意的有效法子。甲的主意來自乙的某句話，丙的主意又接在甲的話題後面，到最後，團隊就冒出一個有夠好的東西出來。我們的創意團隊坐下來，準備一起腦力激盪時，經常會聽到有人補上一句，「人多廢話也多」。這些年來，這條「九成淘汰率」的經驗法則，最傑出的創意團隊也難以倖免，為了得到「廢話」以外的金玉良言，你往往得忍受一段「糾葛時期」。不妨想像一下，印地安納瓊斯在電影裡面，揮著刀披荊斬棘，找出通往吊橋的小徑，以及最終藏寶地點的畫面。

沒有先做好消毒工作的人，可能會因為提出的主意一再被同儕打回票，而覺得腦力激盪是一件使人心情不好的差事。現實世界中，你要具備的心態應該是，每次丟出一個「壯烈犧牲」的主意，都會化為通往即將現身的好主意的墊腳石。這種「心理建設」工作，有助於在一層一層剝掉外殼的發現過程當中，維持自我收斂。

46 三個臭皮匠，勝過一個諸葛亮

我參加過的高張力腦力激盪的場合，數量多到自己都懶得算，不過有一個場合特別讓我印象深刻，那時我在福斯上班，設計團隊的頭頭，跟行銷那邊的人開會，談到了公司要用到的一句標語。會議上陣陣的刀光劍影，最後總算由設計團隊某人脫口而出，並且成為接下來數年的台詞。剩下的問題是，行銷那邊的人卻跳出來獨攬功勞。真相是，沒有一個人能宣稱在沒有當時群策群力的腦力激盪的引導之下，可以把後來定案的標語想出來。

腦力激盪的主意是眾人的功勞。一群聚在一起想辦法的人，其實是一個「集合的腦」。A 聽 B 講然後有了主意；B 聽了 C 某句玩笑話冒出想法；C 看到 D 畫板上面的鬼畫符誕生概念。這顆「集合的腦」才可以宣稱自己是腦力激盪的主體，並且允許每個出力的人，一齊分享好主意誕生以後帶來的滿足感。

缺乏這種心態的團隊，就有機會因為功勞歸屬而發生口角。「我出比較多力氣」的心態在某些職業也許能鼓舞士氣（職業運動跟競技場合有可能），但是在協力及創意的場合，當事人最好還是收斂一下，不要霸住發言台。設計的圈子，不管條件或能力為何，設計師最好有個體認，經由腦力激盪會議產生的好主意，是一種集體連上「集合的腦」以後，才有機會問世的產物。

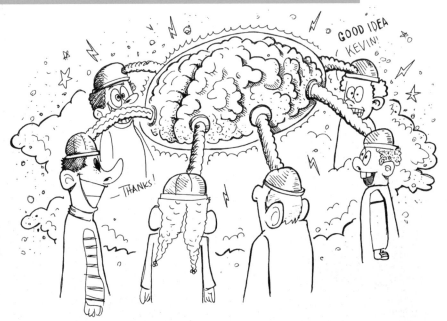

Section 3 第三話

耳聽口說

搞創意的人，還是得不時拿下耳機，跟其他活生生的人互動。

47 終極 Email 範本

大多數的情況，我們跟客戶屬不同的行政區，而公司業務的成長，大多來自客戶的好評引薦，由此看來，Email 是我們溝通的主要管道，而且 Email 的「作工」好壞，對關係的水到渠成，著實扮演關鍵的角色。

寫 Email 的風險其實不小，除非真的有下工夫，否則收件者很容易就會誤解訊息的語氣。最好的方式，是營造友善、輕鬆的氣氛，同時又可以直指重點。

Email 的範本其實不複雜：

（訊息主旨）	Email 的主題欄位
（收件人名稱）	郵件送達的「對象」
（客套話）	親切、冷靜的開場白
（鋪陳重點）	闡述本次通信聯絡的目的
（客套話）	親切、冷靜的收尾辭
（寄件人名稱）	寄送郵件的「始作俑者」
（簽名檔）	在此大聲疾呼，不要漏掉這部分。無法當下找到對方的聯絡方式，是非常惱人的情況。切記別讓收件人，覺得跟你接觸有難度

借用上述的架構，分析我以前收到的某封求職信：

（訊息主旨）	流量經理一職
（收件人名稱）	空白
（客套話）	空白

（鋪陳重點）	就您的廣告提到的流量經理一職，請見附件的應徵履歷。
（客套話）	空白
（寄件人名稱）	約翰
（簽名檔）	空白

這封信因為諸多空白欄位而無法引人注意，讓人提不起勁、看不出個性、也沒有簽名檔（想跟對方連絡還得打開履歷然後從裡面找）。

同樣一封信，為空白的欄位補上內容以後（原本的內容不變），變成：

（訊息主旨）	流量經理一職
（收件人名稱）	OO 公司敬啟：
（客套話）	日安！一直有在關注貴公司經營的網站，盼望有機會共事。
（鋪陳重點）	就您的廣告提到的流量經理一職，請見附件的應徵履歷。
（客套話）	對我來說，這是加入傑出企業的自我挑戰機會，請務必把我列入考慮名單。
（寄件人名稱）	約翰
（簽名檔）	(555) 867-5309 john@username.com

套用 Email 範本，讓相同的訊息，變得稍微有意思了。在我們公司，會挑剔員工的信件，直到員工通信時，反射性的運用範本為止。

Email 範本最棒的一點，是可以應用在各式各樣的信件類型，見以下的範例：

例一：沒用 Email 範本

（訊息主旨）	第一次樣稿
（收件人名稱）	莎莉，
（客套話）	空白
（鋪陳重點）	附件是供審查的樣稿，期待您回饋意見。
（客套話）	空白
（寄件人名稱）	拉弗
（簽名檔）	空白

例一：套用 Email 範本

（訊息主旨）	第一次樣稿
（收件人名稱）	莎莉好，
（客套話）	針對新網站，我們下了很大的工夫。
（鋪陳重點）	附件是供審查的樣稿，期待您回饋意見。
（客套話）	請不吝通知任何消息，我們很期待跟你在電話上討論。工作愉快！
（寄件人名稱）	謹上 拉弗 · 強森
（簽名檔）	公司名稱 (555) 867-5309 ralph@username.com

例二：沒用 Email 範本

（訊息主旨）	會議記錄
（收件人名稱）	珍，
（客套話）	空白
（鋪陳重點）	我附加了今天早上電話會議的紀錄，漏掉什麼請再告訴我。
（客套話）	空白
（寄件人名稱）	喬治
（簽名檔）	空白

例二：套用 Email 範本

（訊息主旨）	會議記錄
（收件人名稱）	珍，您好，
（客套話）	今天早上的討論很實用，非常期待跟您合作這個專案。
（鋪陳重點）	我附加了今天早上電話會議的紀錄，漏掉什麼請再告訴我。
（客套話）	週休假期愉快。 Ps. 安排了什麼好玩的計畫？
（寄件人名稱）	謹上 喬治
（簽名檔）	公司名稱 (555) 867-5309 george@username.com

是不是看出了點道理？「這又沒什麼」，你可能這麼覺得，但事實上，我收到太多太多看不出個性又沒附簽名檔的蹩腳郵件了。好好檢查私人郵件的流程，確保讓員工、同事及客戶收到適當的資訊，而且務必要求員工仿效你的做法，你的客戶也許不會親口向你道謝，但我保證他們鐵定點滴在心頭。

48 留意收件匣

「留意收件匣」真正的用意,是要你「務必盡快回覆郵件」。我有好幾年的時間,都是靠這個道理過活,知道它對商業關係的好壞至關重要。

麥金塔作業系統的用戶,當收件匣裡有未讀訊息時,郵件應用程式會亮起紅點,全部的訊息都讀過了,紅點才會消失,而 PC 的用戶,雖無緣收到這項提醒,但道理還是一樣:盡快回覆郵件。這麼做有幾個重要目的:

● 讓客戶產生一種你是隔壁辦公室的團隊一員的感覺,因而浮現很容易找到你,而且你正在關注同一件計畫的印象。

● 收到的待辦事項不會愈積愈多,工作愈多,後續引發的壓力也愈大。

如果你是郵件的寄送對象或收件人,那麼你就是資訊的擔當者(Owner),而且有回信的責任。有些要求可以立刻辦妥,有些就沒辦法,不管怎樣,都建議隨即回信。如果只要幾分鐘就能辦好,那就將它完成再通知客戶;如果要花些時間,就快點把收到訊息及預期的處置時間告訴客戶。

無論採取哪種回應,重點是你花時間跟客戶保持聯絡,讓客戶掌握所有專案運作的最新進展,包括變更先前的工作指示,與要求額外資訊或進度報告。

49 Email 黑洞

有次到遠地出差，需要搭乘飛機，出發前我特地寄了封 Email，把班機的資訊告訴接頭的人，好讓對方安排到機場接機。登機前我檢查了收件匣，想知道對方是否收到了，結果杳無消息。接下來四個小時，我在飛機上坐如針氈，懷疑到時會沒有人來接機，但其實如果對方簡短回覆「收到你的信了，Mike」我就不必受這個罪。這個例子中，我的 Email 像被黑洞吸走了，而且部分的信賴關

係也隨之灰飛煙滅。好在故事的結尾，負責接頭的人，如期出現在機場，我的 Email 沒有白寄，不過我心想，明明只要隨手回個信，就能讓我免於飛機上的煎熬。

別人跟你講話，你理都不理，是很無禮的舉動，而有人寫信跟你聯絡，你看到卻不回信，情況不是很類似？幾乎每封信收件人都應該回覆（當然不含垃圾信），但我們往往因為忙碌、以為寄件人不在乎，或不知道要寫什麼，或許當下對問題沒有答案，而忽略回信這件事。<mark>不管什麼情況，隨即回覆收到的每封郵件，是跟客戶及同事建立緊密關係不可或缺的舉動</mark>。回應不必寫得「落落長」（往往也不應該），對 Email 通信來說，簡短的內容往往就夠了，以下舉了一些範例：

一般用途

「收到信了，謝謝！」（這樣的簡短回覆，就可以讓人放心，知道你收到他寄出的訊息了）

收到一封提問的 Email

「謝謝來信詢問，但我目前沒辦法回答你，我會向某某人確認，並且在下午 4 點前給你回覆。」（對於不知道問題答案的人來說，這是能盡快回信的好辦法。）

收到一封提問的 Email，而且幾個字就能解決

「辦好了。」（經常出現在公司不同部門之間的聯絡，讓對方知道 Email 的要求已被完成。不過如果是客戶，還是要視關係的深淺，寫得更詳細一點，別只回他「辦好了」這三個字。）

Email 的要求會花上好一段時間

「很高興您提出要求，等我弄清楚多久能完成，立刻就會給您回覆。」（接著思考達成要求所需的對策跟時限，盡快跟客戶回報。）

Email 邀請你一起吃午餐，不過你剛好在忙

「很開心有機會中午一起用餐，我的行程有點滿，有好幾個期限要趕，可以半個月後再找我嗎？再找天中午一起吃飯。」（如果你非得斷然拒絕，不要吊人胃口，遲遲不回應，無論接受與否，多數人都能體諒，也會察覺你的延期美意。）

收到一封表揚的 Email

「謝謝，您的回饋我們很受用！」（也許你還會想要回讚對方。）

我只列了一些範例，如何替 Email 回信，還是得靠自己判斷。我在還沒親自處置，或由團隊同仁辦妥之前，絕對不會讓 Email 歸檔。

50 何必單打獨鬥

我對小時候在黑白電視機上播放的「獨行俠」（Lone Ranger）還留有印象。我哥跟我看完影集，會玩角色扮演的遊戲，他一向扮演獨行俠，讓我當傻瓜跟班「湯頭」（Tonto）。回想起來，我不清楚明明主角很信賴跟班，湯頭也總是在一旁，幫助主角脫離險境，卻還是把劇名取做「獨行」俠。獨行俠很少單獨出動。在商場上，即使我們自認為跟「獨行俠」一路，實際的情況是，過程中通常還是會得到某些幫助。

資訊就是力量。分享資訊，能賦予其他人力量。在我的公司，獨享的資訊非常非常少。我所有的資訊，經理都能取得，從開我的收件匣，替我軋支票簿，聽我的語音信箱，即使我不跟她分享權限，二名經手公司裡裡外外大小事的副總裁，也有人有權力。

把資訊牢牢握在掌心，就好像給企業戴上手銬。久而久之，演變成其他人都狀況外，一定得要你親自出馬，將斷層補上的狀況，如此你沒辦法真正得到喘息的空檔。

我們公司發布資訊的方法有很多。我們內部有部落格，每個團隊成員都能連上；我們的生產管理工具都放在網路上，公司員工都能存取，方便隨時掌握專案的進度。我們隔週舉行一次職員會議，屆時我洩漏的資訊，多到團隊都不想知道。其中要保障每一條資訊都能分享，把其他團隊成員加入郵件副本（Cc）是最好的辦法。我經手的郵件，很少連一個副本收件人也沒有，也許只有寄信給我媽時，才不會有人收到副本，不過好像也經常會順便寄給我爸……

郵件中加入副本收件人，在我們公司已行之有年，確實達到好幾樣效果：

- 一定有某個人握有跟你一樣的資訊。所以一旦你生病或因為任何原因耽擱，就有其他團隊成員會補上。

- 給人團結陣線的觀感。告訴客戶，有好多雙手，而不是只有一雙手，會提供你支援，建立更強烈的信心。

- 從某個員工的信件匣，挖出遺失郵件，因而挽救整個專案，或解決某見難題的情況，在我們公司屢見不鮮。

為了大我而把某人加為副本收件人，跟第一話提到的「天大的祕密」之間，有著微妙的界線。很明顯的，郵件副本的收件人數愈多，看起來就愈重要，甚至像藏了某些機密。想避免讓人誤解，務必要替副本挑選合適的傳送對象。舉例來說，設計師寄信告訴客戶做了變更，可以把美術總監加進副本；業務代表通知客戶大案子的交件日期，可以給公司總裁一個副本。不管信件寫什麼內容，八成都能找到合適的副本收件人。

一旦開始運用這個策略，很快就會發覺一件事，就是公司其他同仁，對副本這個舉動，不一定會跟你有相同的體認。別因此演起獨角戲，客戶或聯絡人寄來了重要的資訊，務必要轉寄給團隊中最適當的人選，將「何必單打獨鬥」的格言，貫徹到底。

KEMO SABE?

51 罐頭資訊

說我們是一家日理萬機的行號，一點都不誇張，說得更具體一點，我們在頭十年經手的專案，就不只 1,500 件。一個專案平均經歷八個階段，每個階段都會遇到要給客戶寫電子郵件的場合，換算下來，十年約寄出 12,000 封郵件，相當於每天 4.6 封，或每半鐘頭左右一封。

仔細檢視以後，我們很快就注意到，同樣的內容一直出現。給客戶看第一次網站設計樣稿的郵件，不需要變動多少，就可以寄給相似專案的客戶看。為了稍稍簡化日常工作，還有確保團隊成員傳達的訊息一致，我們想出「罐頭資訊」這個點子，雖然這不是什麼創舉，不過，從這項工具歷經十年以上，才出現在我公司，猜想大多數人沒有想到。

著手運用這項寶貴的省時工具，最簡單的方式，是把常用的文書處理軟體打開，標題打上「罐頭資訊」，接著動手替各種要給客戶看的郵件，想個最合適的訊息內容。寫好的訊息，就變成日後寄送類似郵件的範本。

舉例來說，會碰到的場合可能像是「交付第一次網站樣稿」、「交付第一次商標樣稿」、「定版可點擊網站」、「專案完成」等，諸如此類。如果採用團隊合作，不妨把這些罐頭資訊，放到大家都能讀取的 ftp 伺服器上。

有趣的地方在於，沒有人希望收件人會以為你是複製貼上的機器人。我覺得即使是星際大戰系列的固定班底 C-3PO，它的特長，也不是四處打照面，讓周圍的人看了開心。所以，訊息某些部分，你自己要先想過，才能寄出去。這些地方也是讓信件見人、出門「見世面」以前的檢查重點。試想，假如客戶點開郵件，結果看見一封範本，什麼都沒講到，豈不很尷尬。

我們有些員工，曾還沒寫上收件人稱謂，就把「罐頭資訊」寄出去，除了失禮，其實若在按下寄出鍵以前，確實檢查就絕不會出現這種情形。

人都有自己的習慣作風，所以最好建立符合自己語氣跟專案型態的訊息。以下提供一些範例，幫助你了解我們的作法。

交付提案

[客戶名稱] 敬啟：

日安！

附件是要讓您審閱的提案。我們盡全力在這件提案，在預算跟範圍之內，達成您的專案目標。審閱過程中，如果您有任何疑問，或需要任何詳細說明，請告訴我們。

我們很榮幸跟您合作專案，也有信心成果會令人滿意。

感謝，

[己方名稱]

[簽名檔]

啟動通知

[客戶名稱] 您好，

很榮幸能收到您的專案，我們十分期待接下來的工作，期盼一起讓專案成功。

接下來，我們想立即展開，安排討論專案要項的啟動會議，透過電話或親自出席皆可。我們想了解，您何時方便撥出 30 分鐘和我們討論？屆時我方會讓所有合適人選皆參與，確保雙方獲得一致的訊息。

謹上，

[己方名稱]

[簽名檔]

會計資訊

[客戶名稱] 您好，

日安！

目前我們想針對會計事項做說明。

在寄給您的提案中，我們指出，專案總成本的 50%，要在開始著手製作時給付。我們會馬上寄發票給您，請問發票上要寫採購單的編號嗎？另外，請問本專案的會計事項，聯絡窗口是你，或者我們可以聯絡你的同事？

謝謝你的幫忙，十分期待與你們的合作！

麻煩了，

[己方名稱]

[簽名檔]

著手設計

[客戶名稱] 您好，

我是 [姓名]，日後將在我們公司，主持您的網站設計案。

我們建置了一個 FTP 站，讓您交付數位素材，請把商標、照片，還有其他能夠確保本網站跟您的行銷素材一致的圖像，上傳給我們。以下是 FTP 站的存取資訊：

ftp.xxx.com

使用者名稱：XXX

密碼：***

我方一收到素材，就會著手設計第一次網站樣稿。樣稿是概念性的設計，目的是讓建立網站的外觀跟質感。根據日程表，第一次樣稿將於 [階段日期] 交付。您審閱過後，我們會加入您要求的修改，再將新做好的樣稿回覆給您。

如果您在過程中有任何疑問，請告訴我們。

十分期盼跟您共事！

感謝，

[己方名稱]

[簽名檔]

交付第一次網站樣稿

[客戶名稱] 您好，

第一次樣稿的專案工作很順利。

您在審閱本次樣稿時，幾個地方要讓您知道：

» 樣稿僅提供靜態圖像，沒有可以點擊或操作的地方，目的是建立適用於所有網頁的外觀跟質感。

» 有些屬於「待填入」（For Placement Only）的內容，會以占位的「假文」和圖片來顯示。隨設計流程演進，這些地方會換成定案的內容。

» 我們截至目前，替首頁製作了一些不同的樣稿，一旦收到您對整體方向的回饋意見，我們會把樣稿的外觀，融入網站的某些子頁面。

» 我們的團隊在審閱過程，認為 [樣稿編號] 是當中最有潛力的設計，理由如下：

　　　[理由]

　　　[理由]

　　　[理由]

點以下連結，可以審閱樣稿：http://www.~~~.com/preview/

我們十分期待收到您的回饋意見。

謹上，

[己方名稱]

[簽名檔]

交付第一次商標樣稿

[客戶名稱] 您好，

我們已經完成您新商標的第一次樣稿，對於這個方向接下來的發展，我們很有信心。

在審閱設計時，請您一併考慮下列事項：

» 第一輪的樣稿，我們花了很大工夫，提出多種構想。有幾樣可能您很喜歡，但有些您可以毫無興趣。

» 縫縫補補是可行的。例如，您可能喜歡某個商標的字形，但偏愛另一個商標的色彩。下一輪的設計，我們可以把當中的個別元素搭配在一起。

» 收到您的回饋意見後，我們會製作第二輪的樣稿，著重在您特別看中潛力的一兩款商標。

» 我們的團隊在審閱過程，認為 [樣稿編號] 是當中最有潛力的設計，理由如下：

　　[理由]

　　[理由]

　　[理由]

點以下連結，可以審閱樣稿：http://www.~~~.com/preview/

我們十分期待收到您對第一次設計的回饋意見。

謹上，

[己方名稱]

[簽名檔]

交付修改樣稿

[客戶名稱] 您好，

日安。

我們剛完成了前一輪樣稿的修改，也已上傳供您審閱。

跟您討論樣稿時，您在回饋意見提出了以下重要事項：

　　[重要事項]

　　[重要事項]

　　[重要事項]

您看到新的樣稿，就會知道上述事項都已納入。

點以下連結，可以審閱樣稿：http://www.~~~.com/preview/

我們十分期待收到您對設計的回饋意見。按照日程表，我們
將會在 [階段日期] 前，收到您的回饋意見。

謹上，

[己方名稱]

[簽名檔]

交付可執行點擊網站

[客戶名稱] 您好，

日安！

我們的技術團隊，剛完成了您新的網站的首次可點擊版本。
本階段您在審閱時，請務必記住以下事項：

» 網站尚未竣工，所以某些頁面會出現占位的圖形跟文字，
接下來在網站上架以前，會填上定案的內容。

» 網站尚未通過完整的品管測試。我們雖然會邊做邊測試，
但是某些元件可能會因為瀏覽器而出問題。上架以前，我
們會對所有元件，進行全面性品管測試。

» 網站的開發尚未結束。在您審閱預覽版本的過程，請務必
了解仍有工程師在工作，過程中您甚至也許會注意到前後
改變。

點以下連結，可以審閱預覽網站：http://www.~~~.com/
preview/

按照日程表，我們將會在 [階段日期] 前，將下一版的網站
寄給您審閱，在這期間，我們十分期待收到您對網站元件功
能的回饋意見。

謹上，

[己方名稱]

[簽名檔]

專案完成

[客戶名稱] 您好,

很榮幸與您共同執行 [專案名稱]。我們的成員,都覺得這次的專案過程很愉快,同時對成果非常滿意。

明天我們會寄給您最後的發票,並且讓本專案從工作行程中結案。

十分期待日後還有機會合作,未來有任何專案,請將我們列入考慮。

謹上,

[己方名稱]

[簽名檔]

以上僅列出一部分你平常可能用得著的例子。有了罐頭資訊以後,你除了可以替製造流程省下不少時間,還可以更確信不會在通訊過程,遺漏重要的訊息。

52 充當傳聲筒

親手做過傳聲筒的人，都知道透過這種聽筒，不一定能完整聽到另一端說話者的內容。類似的，參與傳話遊戲的玩家，經過一個又一個口耳相傳以後，最後一位玩家聽到的，跟一開始的內容往往差距非常大。

科技的進步，讓人跟人之間面對面交談，變成愈來愈罕見的舉動。如果可以輕鬆的藏身在精心打造的 Email 或簡訊背後，又何必上演一場面紅耳赤的對談？我講的有點誇張，但是認真檢視現在的社會，這些描述並非毫無根據。

能不能成功的跟客戶透過電話或當面溝通，對設計師來說，是很重要的事情。我在面試團隊的未來成員時，最看重的素質就是表達技巧。此外跟口頭溝通一樣重要的，是絕對不要以為客戶會把對話的內容牢牢記住。

每次跟客戶口頭聯絡並達成決議，接著都應該要用書面妥善記錄及保管聯絡的內容，而且確保雙方的認知一致。以下是範例：

- 客戶代表 A 某接到客戶 B 某來電，要求更改提案的內容。通話結束以後，A 某傳了一封 Email 給客戶，寫了：「B 某您好，很高興剛剛與您進行討論，根據結論的內容，我會在明天下班以前，把新的提案寄給您。工作愉快！」

- 專案經理 C 某、設計師 D 某跟 E 某，找了客戶 Y 某與他的四名夥伴開電話會議，結束以後，專案經理發了封 Email 給客戶 Y 某，提到：「Y 某您好，感謝您參加電話會議一起討論，這封 Email 的目的是要傳送會議紀錄供您審視，有任何遺漏請再通知我！」（附上會議記錄）

不需要長篇大論，往往只要一行可以快速瀏覽的句子即可。客戶給予我們的正面評價，經常會特別強調我們的溝通技巧。口頭聯絡後，再補上書面聯絡，可以防止許多因為傳送、言詞而產生的誤解，而且能夠持續維繫客戶的滿意度。

人與人之間的面對面交談，
變成越來越罕見的舉動。

53 帶有負面觀感的用詞

就在昨天，我公司的創意總監，因為某個娛樂產業大客戶的問題，跑來我辦公室找我討論。我們正在為一個為期十月，總額四十萬美元的網站設計與程式專案收尾。整個專案期間，我們極盡卑躬，好滿足差不多已化身「奧客」的客戶。我們正在檢討最後的缺失表，創意總監因此打了通電話，想跟客戶了解狀況。通話過程兩人有點激動，客戶開始無限上綱，她用了許多帶有負面批評用詞（故意或無意），成功地讓我的總監掛上電話。

她指稱缺失表充滿了「大量錯誤」，說得好像完全無法克服似的。我的總監則認為只要「輕微調整」。

好在創意總監召開工作會議時，在同仁面前改用程度輕微的字眼，而不是客戶那具有負面意味的說法。「輕微調整」聽起來在能力範圍內，有機會克服，而且聽起來不難受。開會過程中，團隊低著頭，充滿正面能量。當時會議已經開了 11 個鐘頭，要讓專案完成的工作情緒十分高昂。可以想像，要是總監當初將客戶的說法照本宣科，如今又會是什麼景象？一陣譁然？人人擺著一張臭臉？垂頭喪氣？或是氣得說老子不幹了？

從事平面設計跟心臟手術有點像，需要特別留意措辭。想像一下，等候室有一群滿心焦急，因為關心的對象正在進行手術，而陷入無止無盡等待的家人，此時手術室的門打開，總算可以知道結果是 ……

> 「病人的狀況普普，還有許多需要即刻處置的地方。」

這樣可怕的措辭，無助於讓病人放下心中的重擔。「普普」暗示「不算好」。「即刻」暗示「緊急」。「處置」暗示「有毛病」。「許多」暗示「欠佳」。

措辭上做些小改變，對於讓等待的家人放心，十分具有療效。例如：

> 「病人的狀況尚佳，有些地方需要積極的調整。」

「尚佳」暗示情況穩定。「積極」暗示醫生會有所作為，但不到緊急的程度。「調整」暗示需要做一些精心改變。「有些」暗示並非全部。

以下列出某些應該要避免的措辭，以及適合用來代換的用語。

● 「修改」，改用「微調」或「校正」。

● 「變更」，改用「請求」、「調整」、「修正」或「改善」。

● 「趕緊」，改用「迅速進行」或「積極處理」。

● 「問題」，改用「要素」。

● 「難題」，改用「事項」。

● 「改善」，改用「修正」。

● 「期限很趕」，改用「充滿鬥志的排程」。

× 不要跟客戶說——「我們正在處理您的變更。」

✓ 告訴客戶——「我們正在配合（或更新）您的請求。」

× 不要跟客戶說——「我們正趕著配合截止日。」

✓ 告訴客戶——「我們會在期限前積極處理。」

× 不要跟客戶說——「我們正在處理某些特別耗時的問題。」

✓ 告訴客戶——「我們正在處理某些需要額外花時間的因素。」

× 不要跟客戶說——「我們的團隊正在修改某些難題，以完成交付。」

✓ 告訴客戶——「我們的團隊正在修正某些項目，以完成交付。」

懂了吧。下筆和發言時，要注意別用到導致狀況升溫的遣詞用字，盡量讓客戶的壓力指數，維持在低檔。

54 落單也別露餡

剛入行的頭兩年，我像是受困在漆黑地洞的咕嚕，在地下室日以繼夜的工作。即使後來成為獨立的接案者，為了滿足客戶，我卻得拉更多人下水。我有了自己的會計師、不時會把工作轉包給從事平面設計的朋友，還有不停替我加油打氣的妻子。嚴格來說，即使「我」自立門戶、獨立作業，實質上指的還是「我們」。

我自己很早就留意到，因此措辭往往會讓客戶留下是一群人在提供支援的印象。我把「我自己」、「本人」換成「我們」、「我方」。我不願客戶產生一種支援來自地下室某個焦頭爛額的人的印象，我希望讓他們有種獲得大軍奧援的感受。差別在於，大軍可以贏得戰役，而一個拿空氣槍的人，只有夢中能夠打仗。

隨公司擴展，「我們」或「我方」的措辭，也變得愈來愈名副其實。我們公司確實有一大群人在協助客戶，而且我們依舊不忘隨時提醒客戶這個情況。我們的成員，接受的訓練是在每次跟客戶聯絡時，傳達團隊的態度，因此，知道專案會經過眾人之手及層層審閱，客戶會感到安心，覺得花的錢值得，還有這麼多人在替自己把關，留意專案的品質，比較不用去擔心時限與品質。

× 不要說──「我有收到您的回饋意見。」

✓ 改成說──「我們有收到您的回饋意見。」

- -

× 不要說──「我是負責為您設計樣稿的設計師。」

✓ 改成說──「我隸屬為您設計樣稿的設計師團隊。」

- -

× 不要說──「我應該能夠在下班前完成設計修正。」

✓ 改成說──「我會與設計團隊在下班前完成設計修正。」

- -

表達的方式，要像──

「我們快完成專案的收尾了。」

「大家都認為這次專案過程很愉快。」

「我們先在內部進行了審查。」

「感謝您把這些素材寄給我們，讓我們可以立即著手專案工作。」

這樣你應該懂了。

也許你真的獨來獨往，我的意思不是鼓勵你說謊，只是要提醒你，即使你是一名獨立接案者，身邊應該還是有貴人圍繞。一旦客戶了解，自己獲得了眾人的奧援，晚上會睡得更安穩。從你身上得到每樣專案細節都會好好成功執行的信心，難道不是客戶花錢找你的真正目的嗎？

這個意識在現實的團隊環境，對於向心力跟凝聚力是必要的。美術總監總是可以輕易佔據一切功勞，但無疑會讓團隊產生挫折感與憤憤不平。拿破崙・希爾（Napoleon Hill）在他的名著《Think and Grow Rich》（中譯：思考致富），引述這類行為，是造成領導失敗的十大禍首之一。

> 把部下所做之事的榮耀，全部佔為己有的領導人，毫無疑問會面臨憤憤不平。真正的領導人，絲毫不會居功，如果榮耀發生，他樂於見到榮耀歸於部下，因為他很清楚，比起只有金錢報酬，人在獲得表揚與認同時，會更認真工作。
>
> 摘自《Think and Grow Rich》，1937 年出版

遣詞用字捨棄掉「我自己」、「本人」、「我的」這些字眼，說不定比較好。客戶知道援手很多，會覺得更安心，你的謙虛作法，也會讓團隊其他成員，心存感激，並且贏得他們的尊敬。

55 善意的告知進度

當醫生的，似乎比平面設計人士更明白一個道理，那就是「善意的告知進度」的必要性。

　　試想，有一個幸福美滿的家庭，成員有父親、母親，還有幾個小孩，卻不幸得知，身為一家之主的父親，罹患了心臟病，而且必須進行重大手術。一家人於手術當天前往醫院，與執刀醫生碰面，這名醫生再三跟全家人保證，手術沒有問題，醫療團隊已經動過上千次一樣的手術。全家人頓時如釋重負，覺得前途一片光明。接著父親坐著輪椅被推進手術室，家屬則彼此互相依靠，一起坐在等待室，靜候時間一分一秒過去。

　　每一個小時，醫生都會派一名手術室的護士，到等候室跟家屬再次保證：「你的丈夫狀況很好，手術進度順利，沒有任何併發症」。這類親切的告知，讓家屬免於驚慌失措，在漫長的等待過程，不用一直提心吊膽，而是滿懷信心。

現在同樣的場景，但是去掉醫生所指派的按時通報護士。

　　頭一個鐘頭，母親想到醫生表現出來的信心，認為一切都會非常順利。

　　第二個鐘頭，母親雖然沒有喪失信心，但是醫生信誓旦旦的臉孔，卻愈來愈模糊，開始有點心神不寧。

　　第三個鐘頭，母親看見護士經過，就會揚起頭，渴望獲得某些令她安心的事物。

　　第四個鐘頭，母親想不起醫生說過哪些話，開始焦慮不安，腦中出現丈夫平躺在手術臺的畫面。

　　第五個鐘頭，母親完全陷入歇斯底里的狀態，認為自己的丈夫已經死了，這股不安傳播到孩子身上，全家人都陷入驚慌失措。

「善意的告知進度」能夠徹底改變這家人經歷到的一切。

我常講，平面設計跟心臟手術有點像，「善意的告知進度」就支持我的說法。許多客戶對自己專案的擔憂，不就跟上面例子中，擔心父親手術的家屬一樣。溝通的愈少，客戶就愈容易開始緊張、慌張，甚至如痴如狂。

隨時掌握自己專案的脈動，並且給予客戶「善意的告知進度」，向他們保證，一切都會順利進行，是一個很重要的舉動，尤其當各階段的時間拉的很長，更應該要這麼做。

明快簡潔的用郵件告知進度，可能成為專案成敗的分水嶺，尤其當經手的是新客戶。讓你的客戶知道，目前在做什麼，並向他們保證，你有在留意專案，而且專案有循序在執行。好的善意告知，內容可以非常簡潔，像是：

> 「捎封短信讓您知道，我們今天開始設計您的商標，有一些很好的構想，期待禮拜二讓您看到。」

或者你可以這麼寫：

> 「團隊今天開始網站的程式設計。」

> 「我們下午完成伺服器服務開通。」

> 「樣稿的進展順利，按時程預計明天會寄給您。」

以上只舉了一些例子，不過每一個都能幫助你讓客戶回到第一個鐘頭時的信心水準。你可以自行判斷，不需要鉅細靡遺，就能產生善意告知的效果，只要記得，向他們保證專案進度一切在掌控中，而且沒變成手術台上的冰冷屍體。

向客戶保證專案的進度一切都在掌控中，
還沒變成手術台上的冰冷屍體

56 時限的魔術

毀掉客戶關係最快的方法，就是錯過時限。務必要盡全力，準時交出承諾要給客戶、上司或同事的東西。有時會出現某些導致無法按照約定交付，但可以據理力爭的場合。務必減少這些場合出現的機會，不過一旦出現，有些策略能助你度過接下來不太愉快的場面。

小題大作

只要察覺趕上時限變得岌岌可危，你應該拉高指揮系統的層級。要是你是設計師，就讓美術總監或公司老闆知道。你一知道趕不上時限，必須讓別人心裡有個底，愈晚通知應該知道的人，屆時產生的負面觀感可能就愈強烈。畢竟，誰想突然接到壞消息呢。

推敲溝通

時機專案範圍變大，往往是趕不上時限的最大凶手。有天你接到客戶的電話，要求你另外做新東西，這時就是提起時限的最好時機，而不要等到過了幾天，急得跟熱鍋上的螞蟻一樣時，才想到要提。

客戶端自己趕不上時限，也不是什麼少見的情況，像是沒有把專案需要的素材，及時寄給你，一旦出現這種不按時交付素材的情形，務必要跟客戶討論，還要讓美術總監或公司老闆，知道時限出了問題。

另一個趕不上時限的理由，是突然發生軟體故障，或電腦出問題，也許是你在設計網站程式的時候，程式碼寫錯。這類情況難以杜絕，而且會造成重大延誤。當陷入這種局面，傳達問題非常重要，而且要以積極的態度，尋找解決辦法。不過要提醒你，不管你的解釋多好，客戶不一定要買單，所以為了做軟體與電腦的避險，務必要對程式碼執行版本控制並且留下備份。

硬著頭皮坦白

當準時變得岌岌可危，應該給客戶捎個訊息，在內容表達歉意，並說明趕不上時限的原因。即使理由是至親身故，你也應該鼓起力量，為自己的失信道歉。

如果客戶自己就是無法準時的原因，注意不要陷入「怪來怪去」的循環，一樣要照實說明，並表達歉意。如果剛好遇到原本有東西要寄給客戶的時刻，那麼就寄吧，至少讓客戶知道專案的現況。

重設雙方底線

既然已經來不及了，你需要跟客戶重新商量雙方的預期。雙方務必都要清楚新的階段，而且確保作成書面。如果是口頭達成協議，不要忘記寄封後續確認郵件。

下次準時並且再道歉一次

失信一次，還有機會修補跟客戶的關係，兩次大概就沒機會了。新的階段務必要準時達成，屆時還要再為前次的失信，表達歉意。

重建關係

當專案大功告成，便著手努力重建客戶對你的信任。別害怕舊事重提，要讓對方知道，你在過程做了哪些改變，確保日後不會再發生。讓對方知道，你跟你的企業有多重視他們。此時是邀請餐敘，或是借「不談公事」之便，深化雙方關係的好時機。

趕不上時限的情況，就是會發生，你的客戶多半明白，也經歷過。如果你的應對方式得宜，跟客戶的關係就可以歷險而不墜，而且有機會承攬更多專案。

57 無所不在的老大哥

離開學校，入行約一年後，有一次跟客戶開電話會議，參加的還有二名廣告代理商的成員。當時我們正在替客戶製作網站跟各種廣告素材，對方難以理解我們對專案的說明，無視的態度，讓我們漸感灰心。終於掛斷電話以後，我們紛紛開始指責客戶的無知心態，然後我瞥見電話燈號仍在閃爍，頓時一身冷汗，接著不停按下斷線的按鍵。

對方有聽到我們怎麼稱呼他們嗎？至今我仍舊沒有答案，不過這樣也無妨，總之我學到了一課：「小心隔牆有耳」。花一分鐘想一想，從你口中冒出來侮慢客戶的閒話，有太多可能洩漏的途徑，包括同事，還有平常看似無關的旁人。

電話真的掛斷了嗎？

你怎麼知道其他房間沒有人？走廊呢？樓梯間呢？

電話的靜音鍵真的有效？

你跟成員通電話時，另一頭會不會剛好坐了位客戶，順便就聽到了？

你如此相信牆壁的隔音效果？

也許你覺得待在戶外，或者趁中午用餐跟同事討論，就比較安全。不過，你怎麼知道話音所及範圍，沒有人認識你或你口中的對象？這些你並不會曉得。

網際網路要特別注意這個問題。你要是把推特或臉書的留言，用在發洩對客戶或專案的不滿，可能會釀成關係的災難。資訊一旦流入網路空間，簡直比覆水更難收回。

我有一位很愛抱怨別人的熟識，每次遇到他，似乎就是在聽他抨擊某個人。當他的聽眾，真令人難受，而且我會想：「要是我不在，不曉得他會怎麼講我」。在某位客戶面前，抱怨其他客戶的舉動，對方很容易就會假定你對他也是這麼做。類似的舉動，很快就會讓辛苦經營的信任土崩瓦解，並且玷污你身為設計師，以及身為誠正人士的名聲。

但話說回來，人非聖賢，孰能無過。小小的發洩，能淨化生命的挫折感，說不定有益建康。況且，有些客戶真是「奧客」，不管那些對他的負面評價有沒有說出口，送他的言詞都是名副其實。但一旦說出口，你最好確保不會外傳，不然這些話語可能反過來摧毀你的業界人脈或事業。

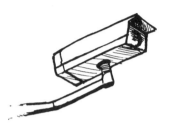

到頭來，最好的方式，也許正如諺語說的：「話多不如話少，話少不如話好」，並把它應用到生活、家庭、工作、社交中。陰謀論者的論調「老大哥無所不在」，終究有其參考價值，別不信邪。

58 骨牌效應

小時候為了打發無聊時間，讓我的創意找到了出路。沒有外出蓋堡壘跟森林探險的時候，我跟兄弟就把時間花在樂高積木、林肯積木（Lincoln Logs）、拼裝積木組合（Erector Sets），以及骨牌上。我覺得堆骨牌陣很有趣，推倒第一塊骨牌所引起的連鎖反應，到最後一塊骨牌倒下前，都不會停止。

要讓客戶不再擔心，創造連鎖效應是最好的方式。以下舉一個例子，來說明我們這行的連鎖反應：

1. 客戶 A 某來電或來信，通知可以進行專案。

2. **即時反應**——業務開發人員客戶回信：「很榮幸您將專案託付給我們，團隊的每個成員都高興。我們已經將副本送到製作經理約翰手中，好讓他加入專案，並且向他的團隊隨時更新。此外，這次由珍妮處理會計事項，發票事宜可以跟她聯繫。」

3. **即時反應**——製作經理回覆了業務開發人員的信件：「A 某您好，我們十分期待可以與您進行這次專案。我們會在線上製作管理軟體設定本次專案，設好以後，您會收到一個連結，以及從系統存取專案的一些指示。我們用這套軟體，進行階段與通訊的管理工作，目的是確保讓您隨時掌握專案在開發階段的進度。」

4. **即時反應**——總務經理回覆了業務開發人員的信件：「A 某您好，製作團隊很開心能著手進行專案，其中所有會計流程將由我負責。有沒有要給發票用的採購單編號？另外，請問您是發票事項的聯絡人，或者我可以向其他人洽詢？」

5. **不到一個小時**——製作經理已經將線上製作管理軟體設好，A 某收到郵件，裡頭指示他如何存取。製作經理還建立了 FTP 存取，供 A 某上傳素材到伺服器上。

6. **24 小時以內**——製作經理寫了封郵件給 A 某，向他介紹專案的美術總監。接著美術總監向 A 某提出召開啟動會議的請求，希望在會議上討論細項，並確保設計團隊跟客戶端收到的訊息一致。

想像一下，隨上述情節展開，A 某會有什麼感想。通知可以進行專案後，不到 24 個小時，就已經跟四名重要團隊成員取得聯繫、完成製作管理軟體的設定、獲得 FTP 伺服器權限、跟美術總監與設計團隊約定啟動會議。這些事項都是受到客戶的通知動作而引起的連鎖反應，而客戶們除了「哇！你們真是很進入狀況。」之外，還能有何反應？

沒有二家企業會一模一樣，也許你公司沒設置美術總監或總務經理的職位，甚至是窩在地下室幽暗角落的一人公司，但不管公司規模大或小，都不影響我的原意。連鎖反應可以在各種規模的企業產生，著手實踐的方法很簡單，只要拿張紙出來，把專案關鍵時刻的後續事件記下來。

結果看來可能像這樣：

客戶通知專案可開始進行

連鎖反應：接下來發生了？

- ·
- ·
- ·

客戶寄來樣稿的回饋意見

連鎖反應：接下來發生了？

- ·
- ·
- ·

專案完成且通過客戶核可

連鎖反應:接下來發生了?

- ·
- ·
- ·

發揮你的組織技巧,以及對專案細節的投注,讓客戶對連鎖反應清單列出的事件感到喜出望外。把連鎖反應正式化,並留下書面,好讓所有團隊成員都能運用,如此一來,就能確保客戶對公司產生一致的印象。

相反地,要讓客戶成天提心吊膽,莫過於收到可以進行的通知後,過好幾天卻連個聯繫或進度通知都不捎過去。即使專案約好了隔二個禮拜才要動工,停工期間保持規律聯絡,仍不可輕忽。專案上路後,像是需要按時加油的火舌,好讓客戶的滿意與信心,不會戛然而止。

59 慎防 W.W.W.

慎防 W.W.W. ？這可不是在指網際網路，而是三個你鐵定不想讓客戶碰到的情境：「空等」（Wait）、「擔心」（Worry）跟「起疑」（Wonder）。跟顧客往來或與客戶交易，務必要盡全力防止這些場面發生。

空等

客戶不該淪落到空等的局面。如果你說，下午三點會把樣稿寄過去，務必說話算話。要是趕不上，那麼下午三點以前，就要去信或致電給對方，告知你會耽擱，而且會在四點以前，把樣稿寄過去（或是其他你預計有辦法完工的時間）。

如果你跟客戶約在早上十點五分開會，那麼九點五十五分就要到場，要是時間到了，客戶卻沒看見你的身影，對你的信賴就會急速遞減。

擔心

絕對不要讓客戶擔心你沒有辦法履行責任。你肩負的責任，其中一部分是要把對執行專案的自信「演給別人看」。清楚地跟對方溝通雙方的預期，以及你自己的開發策略，就能讓客戶免於不必要得擔心。

起疑

「我想知道現在專案有人在負責嗎？」「我想知道下次會看到什麼？」「那些人真的了解我試圖在這個專案所要達成的目標嗎？」上述以及其他族繁不及備載的例子，最好不要真的發生在你跟你的客戶身上。

清楚的溝通是避免發生 W.W.W. 的關鍵，溝通的範圍，包括時程、開發策略、聯絡方式、專案的概念理解，還有任何與專案成敗息息相關的資訊。

清楚的溝通是關鍵因素

60 寄出前務必三思

你是否曾經在整裝好要出門時，聽到另一半說，「你怎麼這樣穿？要不要換一套，不然我替你搭好了。」**動手時，聽取其他人的意見，是每個領域成功人士的共識**。自己很容易因為過於熟悉而對細節視而不見，或掛一漏萬。

平面設計機構大多很擅長指派人力完成專案，當收到專案可以進行的通知，就會派設計師去設計外觀跟質感，程式設計師去建立網頁功能（指網站專案）；大一點的公司，還會派製作人，負責將外派的各部分統整，修飾一番，好讓它看起來像是一個整體。每個人一邊做一邊檢查各自負責的部分，是很基本的道理，但由自己檢查自己的部分，顯然不算最好的主意。我一直認為，任何專案都應該至少指派一名校對人，但實際上經過愈多人檢查，結果會愈好。

不是要臭屁，但我真的是很有實力的校對人。背後的原因，可能是多年下來，一再出現在客戶眼前的不經意錯別字，使我罹患了無藥可醫的強迫症。說得更清楚一點，校對不限於字面上的一致或正確性，還牽涉了版面編排與設計元素。執行平面設計的校對工作時，我的作法是不對照核對清單或特定策略，假使你有改善校對技能的需求，以下是我覺得很管用的一般流程：

初步確認（先快速瀏覽專案，接著退回幾步，再重看一遍）

- 設計符合客戶的品牌嗎？

- 整體構成看來如何？是否有改善的方式？

- 把設計拿來和客戶提過的，或是你用來當作靈感（如網站或印刷品的範例）的其他專案比較。設計的品質是跟樣本一樣好或更好？

- 設計的重點是什麼？目的是銷售？報導？傳達訊息？在印象上有沒有達成？

- 設計的尺寸對專案而言恰當嗎？

- 各區有沒有出現相同的文字，如果有，是否具一致性？

概略檢查（確認專案的主要重點）

- 設計的目光動線如何？視線是否按照順序停留，並且注視著對的元素？

- 設計元素的視覺重量有沒有發揮效果？有沒有哪個太重了？或太輕了？

- 色調有沒有發揮效果？這些色彩有沒有融入品牌或設計？

- 字體選得如何？樣式太多？或太少？在設計中看起來如何？

- 照片或圖形有沒有配合並且支持整體設計或訊息傳達？

- 核心訊息的傳達清不清楚？有沒有需要傳達不同訊息的標題或其他文字？讀者能不能很容易知道在看什麼？

細節檢視（仔細察看專案中的一筆一畫）

- 檢視每個字和標點符號，有沒有錯別字？

- 設計元素是否層次分明、井然有序？有沒有任何「破相」？會讓人額外留意？

- 有沒有任何偏離中心或沒有對準的地方？文字往往是這個問題的罪魁禍首。

- 照片有處理好嗎？調整跟加強有沒有做好？照片面對正確的方向嗎？修剪得當嗎？

- 字型風格是否一致？文字間距恰不恰當（行首與字距）？有沒有漏掉標點符號？括號沒成雙？多出的空格？

- 有沒有特異的設計離題？這是常出現的設計問題，複習一下型態理論（Gestalt Theory）再找看看。

順便一提，並非只是檢查錯字而已，很多時候，套用一些成語或是口語用詞，即便用字遣詞看起來是對的，但實際的詮釋跟含義，已偏離原意。一旦發生類似情況，對客戶或案主會相當不好意思，有時甚至可能造成日後的工作負擔。

以上清單稱不上完善，卻是送出審閱前，需要檢查的部分要項。沒人希望僅僅出於未盡校對或編輯之責的緣故，就被視為草率，甚至是失格的設計人士。

61 時區的悲劇

我剛創業那幾年，客戶大多位於洛杉磯（太平洋標準時間），但我公司設在猶他州（北美山區時間），也就是說，我跟一大票客戶隔了一個鐘頭的時差。那時多數同仁上班時間是九點到六點，我們要下班了，洛杉磯才五點。

我們經常得跟期限賽跑。我記得在數不清的日子裡，當我們按下寄出鍵的時候，已經是六點零一分，但是因為時區的關係，好萊塢的客戶那邊，才剛過五點。

情況看似對我們有利，不過也常常很快接到客戶回信，要求我們做一些微調，好讓他們順利向上呈報。為了替客戶修改，我們不時得留下來加班趕工。

我們想到一個解決辦法，把交付時間往前挪兩個小時，也就是把期限從原本的六點，改成四點，這樣一來，我們交出去之後，還有時間根據客戶最後的意見做修改。

這個辦法雖然管用，但好景不長。後來我們開始接東岸客戶的案子，當中又以紐約市跟華盛頓 D.C. 為大宗，這些地方跟我們有兩個鐘頭的時差，我們四點交了稿，客戶那兒已是六點，這些客戶如果最後要調整，為了等我們改完，往往得在公司待到很晚。（讓客戶晚下班可不是值得高興的事情）

類似的困擾終於導致我們某次經手一家消費性產品龍頭企業的大型互動網站時，嘗到了苦果。原本專案一切順利，客戶對跟我們合作及溝通都很滿意，我們也幾乎以為可以「零負評」地把案子結掉，直到非正式上線那天，我們收到客戶以下通知：「由於今天一整天，都沒收到開發案最終審閱的連結，我們延後到明天再上線。」

當時才三點半，我們就收到客戶的通知，考量時差以後，客戶當地是五點半。儘管我們的上班時間還有兩個鐘頭，但從客戶的角度來看，已經是下班時間，我們錯過了期限。

LDN

這種感覺糟透了，我們錯過了期限，跟客戶的關係也隨之蒙塵。我可以想像客戶那天的情況：不時開啟收件匣收信，結果一次又一次失望。他們會不會在其他合作夥伴面前批評我們？他們公司的高層會不會納悶沒收到信？我們有沒有辦法挽救跟客戶的關係？

好在我們跟客戶之間，已有足夠的默契，這件事得以順利落幕，並給我們上了寶貴的一課。平面設計是一個與期限賽跑的行業，設計師多半習慣在倒數計時的條件下作業，不過經常犯了只注意「日期」，卻忘記「時間」的錯誤。

為了補救時區衍生的問題，以及對客戶有所交代，我們會努力在上午就交付當天截止的案件，這樣一來，除非要飄洋過海，否則客戶收到時，心情八成都不錯。我們上午就寄的話，西岸客戶在上班前就收得到，東岸客戶則大概在午餐時間收到。

即使你的生意範圍不會跨時區，午餐時間以前辦妥，也是比較好的遵守期限模式，這麼做的話，可以為負責驗收的客戶，騰出好幾個鐘頭的空檔，而且你在接下來的上班時間，就可以高枕無憂。

我們當中大多數的人，從國小開始逐漸摸索推拖拉的技藝，而且往往在當上專業平面設計的頭幾年，將這門技藝運用到爐火純青。確保在上午如期交件最好的法子，是對自己施加在期限前一晚就把所有事情完成的壓力。

MSCW

DUBAI

TYO

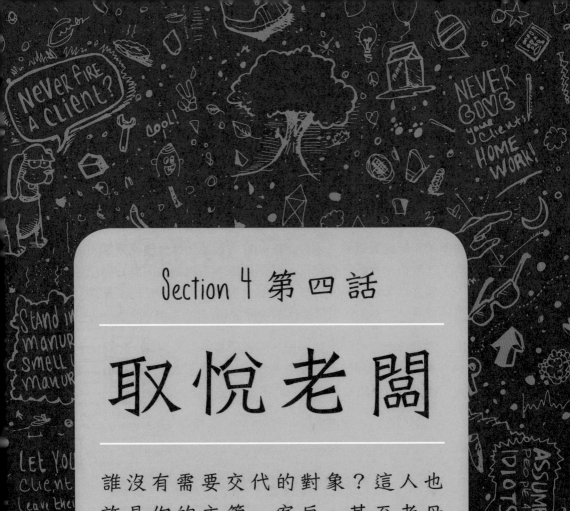

Section 4 第四話

取悅老闆

誰沒有需要交代的對象？這人也許是你的主管、客戶，甚至老母親。學習如何圓滑地應對上級，會為你打開成功大門。

62 來自火星的設計師，來自金星的客戶

結婚大約 1 年後，我們夫妻倆受邀出席一場晚宴，宴會上打算請一位專業婚姻諮詢師，針對圓滿的婚姻關係進行演講。我跟妻子當時正甜蜜（現在也是），不過仍決定參加這場名為「打破成規」的晚會。當晚的內容跟講者都令人讚賞，不過除了小部分的內容，絕大部分我都已經沒有印象（典型的男性）。

講者對台下的年輕聽眾提到，兩性在許多地方很不一樣。舉例來說，面對生活的考驗時，女性追求理解及撫慰，男性則尋求解決辦法。因此在協助他人（例如配偶）度過生活考驗時，女方提供理解及撫慰，男方則是提供解決辦法。接著他繼續解釋兩性之間的思考是如何的南轅北轍。

諷刺的是，講者後來沒時間把如何解決兩性矛盾的部分講完。結果回到家後，我親愛的老婆想到先前那些因為天生差異所產生的矛盾，以及當時怎麼渡過的情境，因此傷心了一個鐘頭。當下我當然提出了許多解決辦法。

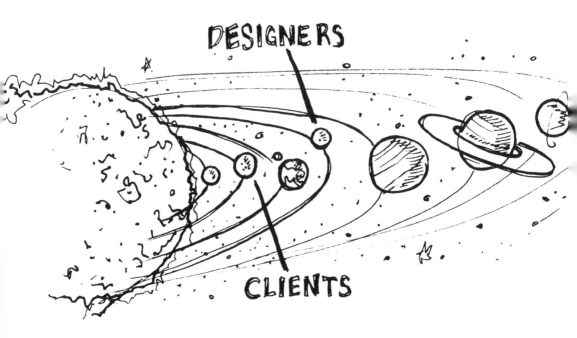

平面設計師跟客戶之間，經常能看出與夫妻關係的相似之處：有時關係親密，有時彼此失望，有時則分道揚鑣。分道揚鑣的起因，大多是設計師跟客戶在想法上跟行動上南轅北轍的緣故。

所以本章和婚姻諮詢師的談話有些類似，我的目的是闡述設計師跟客戶想法上的不同，但不會提供解決矛盾的辦法。某個角度來說，全書都在嘗試解決矛盾，不過現實生活的解法，鐵定無法照本宣科，況且要防範設計師和客戶天生扞格所滋生的潛在陷阱，簡單的知識或許就已足夠。

首先來看設計師的工作原理。成為設計師的人，動機可能出自靈魂深處那股無法被滿足的創作需要。

你想要設計酷玩意

無需多做解釋的一項。

你也許想靠設計酷玩意賺錢

否則你大概會去學另外一樣藝術。

這麼一來就清楚了，設計師想兼顧設計酷玩意與賺錢，所以他們會想方設法向人們兜售自己會創造酷玩意這件事：建立浮誇的網站、編輯炫耀作品的書冊，我的公司為了尋找每一次對外展示創作的機會，甚至在名片背面放作品集。這一切都是為了賺錢，好讓我們繼續從事喜愛的工作。

那麼，客戶想要什麼？經驗告訴我，客戶尋找的目標有以下類型：

- **投資回報**——他們打算花錢來賺錢。一般來說，客戶期待花費在你提供的平面設計服務上，可以替他們增加銷量，並且賺到更多的錢。

- **對上層有交代**——你服務的對象大多也是仰人鼻息，也許對上司，也許對股東，總之花錢找你的目的，是要對上層有個交代。

- **紓解壓力**——客戶往往身陷壓力，對手上的設計專案需求充滿焦慮和困惑，所以找你一起承擔，讓他們一夜好眠。他們想要信任你，對你執行專案的能力有信心。

- **划算的交易**——客戶想敲定一筆好交易，價錢越便宜越好。也許不是每個客戶都會佔便宜，但想的人可多了。

- **關係客戶**—大多想找到長期替自己解決問題的對象,想跟供應商建立一勞永逸的關係,日後才不用再陷入尋尋覓覓的局面。

- **好設計** 很少見的情況是,客戶是真的想找到出色的設計。但是大多數的情況,客戶所謂在意好設計,背後目的是想要達成其他前述目標。

設計師極力想為自己的設計找到買主,他們所兜售的,應該是客戶、客戶的上司或股東真心想要的東西。人們會花錢買信心、信任、關係、紓解壓力,當然也花在划算的交易上,能夠為客戶滿足需求又賺到錢的人,應該慶幸自己的好運氣,走在前往銀行的路上,還要捏一捏自己的臉頰,以免在做夢。

人們花錢買關係

人們花錢紓解壓力

人們花錢在划算的交易上

63 留下客戶的足跡

客戶大多想獲得一種自己對正在製作的成果，或多或少產生了影響的感覺。不去打壓這念頭是明智之舉，偶爾從善如流，更是一項上乘的做法。不過，很多設計師有一種天生的防衛心理，遇到要跟客戶做簡報，就全副武裝，捍衛自己的設計，一副至死方休的模樣。不管客戶回饋的意見是大是小，都會逐一辯護，好讓自己的寶貴作品不受玷污。這種態度在幾個方面會產生問題。

首先，這樣子為設計辯護，完全忘了是客戶在付錢。如果客戶想看紅色而非藍色的效果，就有權利看到這樣子的樣稿。花錢的是老大，對客戶妥協，絕不是軟弱，反而是對客戶的尊重，以及對雙方關係心知肚明——是客戶雇你為他們做事。

其次，爭辯每一個客戶指出的小地方，只會製造對立，並且流露本身的自大與傲慢。身為設計師，你的工作是讓客戶過得更好，不是更苦。要是客戶自覺怎麼每個小細節都要與你爭辯，和你共事的耐性很快就會消滅殆盡，如果想擺脫客戶，這可真是萬無一失的方式。

第三，讓客戶對設計進行更動，有助於讓他們對成品產生身分認同與自豪之情。要讓客戶真心愛上設計，沒有什麼比讓他們感覺它是自己的構想跟作品來得好。一旦客戶愛上作品，會在辦公室四處跟同事炫耀：「你看看，這地方是我的主意，好看嗎？」而且，基於愛屋及烏的心理，客戶也會連帶對幕後的推手產生好感，長期客戶的忠誠度，就這麼建立了。

不過別誤會，我的意思不是建議設計師，一味逢迎、贊同客戶的主意，你會遇到必須技巧性應付的場合。而讓客戶在設計裡留下自己的足跡，會激發他們對專案的身份認同，而且後來更有機會回流。

下次客戶想要做些更動，對你而言又不怎麼礙事時，別急著生氣。讓客戶在設計中留下自己的足跡，對於他們能不能對專案產生自豪之情，事關重大。別試著反駁客戶的每一個主意，反過來在設法保持設計的完整性與藝術性的前提下，替他們留下自己的足跡。

64 不放手，直到 「免死金牌」到手

每次接洽新工作、遇到新老闆、新客戶，或著手新專案，你都要在心中，設立一個目標，而且是唯一的目標，那就是拿到「免死金牌」。平面設計這一行甚麼事都有可能發生，變數實在太多，無可避免會在職業生涯某個時點出現差池。刊行錯字；伺服器遭入侵，網站癱瘓；你或某個團隊成員，錯過重要的時限。你和某客戶或企業的長期商業合作關係中，在某個時間點出現了小差錯，專案因而戛然而止，而你跟客戶或案主的關係，能不能延續下去，取決於當時你累積的「免死金牌」多寡。

「免死金牌」是我拿來衡量客戶對於你捅出來的紕漏，願意「睜一隻眼，閉一隻眼」的指標。當你接了新工作或是收了新客戶，一個金牌都沒有的，而免死金牌到手的方式，則是視時間以及工作成效，像是：

- 製作出優質的設計

- 如期交付

- 超出預期、贏得歡心

- 工作沒有絲毫差錯

- 沒有遺漏客戶要求的變更

- 利用「不談公事」的契機，跟客戶建立緊密的關係

第一次接新客戶的專案，手上沒有任何免死金牌，又不如期交付，客戶很可能就說出像：「你不遵守時限，違反合約精神，我方希望另外找人接手」的話。換到另一情境，之前 12 個專案你都如期交付了，只有這次沒辦法，客戶可能就會認為，「真倒楣。不過他們長期以來，表現都很好，過去不曾爽約，這次八成是意外，應該下不為例了。」

「免死金牌」耗損很快，專案稍有差池，即使錯不在你，也難以倖免。會用掉免死金牌的場合，像是：

- 網站伺服器停擺

- 往來的供應商出錯（例如印刷品質不好）

- 低級錯誤（錯別字、忽略對方的請求等）

- 跟客戶大小聲

- 沒有趕上時限

多數客戶的「免死金牌」，都是來得慢去得快。你也許得要立下三件汗馬功勞，才贏得一面金牌，但只要砸鍋一次，金牌就沒了。三個成功的專案，會讓客戶對你「睜一隻眼，閉一隻眼」一次，而且用完就沒有了，接著客戶會開始精打細算，「看下次專案做得怎樣，再決定要不要繼續合作」。

身為設計公司的經營者，我還有另一種看待「免死金牌」的角度：要不要繼續讓員工保住飯碗。2008 年時，我公司有一位在二年任職期間，立下無數功績的工程師，我從來沒有動過要讓他離開的念頭，即使他有錯，他長期的功績，足以使我當下無怨無悔的原諒他。相反地，2010 年時，一名新設計師在第一個月就發生二次刊物錯誤，每次都要花錢重印。這位新人拿不出任何籌碼，手中也沒有免死金牌，因此我們決定與他分道揚鑣，畢竟，我們無法一邊跟他共事，一邊寄望他不會出錯。

面對新客戶或案主，要花點時間才有辦法把「免死金牌」拿到手。對每一段新的關係保持專注，從一開始就進入狀況，交出亮眼的成績，讓對方喜出望外，而且能維持多長時間，就保持下去，畢竟，總有一天，你鐵定會捲進爛攤子，屆時唯一派得上用場的，只有你手上的「免死金牌」。

65 放大客戶的音量

千萬別低估謙遜的力量，也別小看說話藝術的重要性。尤其當你是一名才情縱橫、口碑載道的設計師時，這些特質對想要保住及延續綿密的客戶關係，當屬不可或缺。

ABC 電視臺多年來都是我們客戶，經手他們的專案除了十分愉快，聯絡窗口也都是一群有趣、討人喜歡的傢伙。某次我們前往拜訪，聊起設計代理商的各種「性格」，我們提到自己是以服務為導向，不論何種情況，都盡全力給客戶方便。

這時 ABC 電視臺的窗口，講起最近為一件大案子聘請的代理商，讓他們十分灰心。雙方討論專案的會議上，多數時間都在聽代理商的發言，完全不顧及電視臺方面，對於想看到的成果，已有明確的主意。對方的主管，也沒先花時間了解，就向電視臺提出需求以及對專案的意見。

我聯想到設計這行給人的刻板印象：一群穿高領毛衣，戴黑框眼鏡的人，手持散發金屬光澤的智慧型手機，一副趾高氣昂的模樣。接著我又想到，這群自以為是的人離開後，留在會議室的電視臺員工，彼此交換意見，紛紛問起，「這群怪人從哪找來的？」的景象。

這次聊天我真正學到了一課，就是「放大客戶的音量」。我的意思不是要你什麼建議跟主意都不出，當你做簡報，向客戶介紹自己、公司或構想，一定要表現出自信與企圖心的光采，我的意思是，在這過程中，別忘了拿出你的謙虛跟尊重。客戶是花錢的老大，就像是銀背大猩猩群體裡，帶頭的公猩猩才可以指揮每天的活動。所以，除了心懷感激，在自說自話以前，最好花時間聽聽客戶的主意。人有二隻耳朵跟一張嘴巴，不是沒有道理，它代表耳朵派上用處的場合，比嘴巴多出一倍。

為了表示自己真的感興趣，開會邊聽邊寫筆記，輪到你發言，別擺出菁英、不耐煩，或是嗤之以鼻等設計人士一向惡名昭彰的臉孔（即使你的主意真的好上千百倍）。畢竟，對方僱用你，是來替他們光榮、成功、小心呵護的公司進行設計，所以幫幫忙，好好把話聽完，你一定不會後悔。

66 跟衣食父母打好關係

前面的章節費了一番功夫在說明建立責任感與職業生涯之間的重要性。接下來，我們要把誰是你的衣食父母這件事弄清楚。你的客戶是你久旱的甘霖，雨天的屋簷，也是你生命的貴人。

幾年前，我跟公司裡一位副總裁進行一場深度對談，雙方談到公司的歷程，以及賺錢的引薦來源，一如往常的習慣，我拿了支麥克筆，在白板上畫了起來。我畫出公司初期最早往來的對象，接著以線條把這批人與這些年來由他們引薦的客戶連起來，逐漸浮現一幅類似企業組織圖的形狀。

我看了看，發現它更像族譜的樹狀圖。大概很少有人會把家族歷史，跟企業混為一談！最後發現，我們累積了五年份的引薦名單與聯絡人，其縱橫交錯的樣子，看起來還真像幼稚園的連連看作業。這份系譜給我們帶來不少震撼：早年的一個往來窗口，經過這些年，卻替公司帶來至今為止四分之一的業務。

我們沒有砸大錢做傳統行銷，而是投資在建立系譜上。樹狀圖上這些人，是真的僱用並且付錢給我們的人！我們會定期找客戶吃午飯、打高爾夫球、送禮物、記住生日，以及其他可以讓名單上的貴人留意到我們的事情，同時讓對方知道，我們是真心看重，而且感激雙方的關係。在你砸下大筆鈔票行銷自家的服務以前，先考慮把錢花在客戶的樹狀圖。

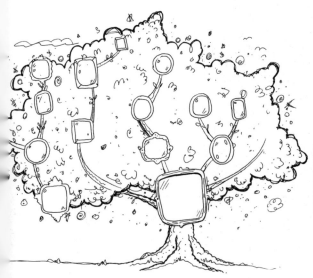

為了讓關係產生最大的利益，你必須對自家的客戶系譜瞭若指掌。從最初或最前面幾個給生意的人著手，把他們寫下來，加上框框，再連到由他們引薦的對象。弄懂你的客戶系譜，並確保這些人滿意度都很高，畢竟這些人脈變成金流的機會，可是相當高。

67 別替客戶出作業

這幾年來，「電視指南」（TV Guide）一直是我們的老客戶，雙方的緊密關係，無疑形成雙贏的局面。它需要我們，我們需要它，而且感激彼此之間長期熱絡的關係。幾個禮拜前，我們碰了一次面，針對我方團隊正在執行的一個大型專案進行討論。

會議中，我告訴對方的主管，我們需要一份全部專案細項的待辦項目清單，方便我們輸入到製程管理軟體，逐一執行，全盤掌握專案各項細節。下一秒鐘，對方副總馬上一臉像是夜行性動物被車燈照到的表情，我馬上意識到對方八成以為是要他們想辦法生出所有專案細項，他心裡面可能閃過類似的念頭：「誰有那個美國時間把專案細分？而且即使有你們軟體的權限，我們也不太會操作，也沒空特別撥出時間學。」

我幾乎聽得見他心裡的 OS，於是馬上改口：「你們只要把任務、更動、資訊給我們，格式不拘，透過電話、電子郵件、簡訊、即時通訊都可以，要寫在餐巾紙上也不反對，我們會把需求轉成待辦項目，輸入到軟體，再根據清單執行。」如我所想，他立即驚呼：「那太好了。」我接著說：「我們希望減輕你們的負擔，所以會接手所有細節，不管用什麼格式，只要你們覺得方便、省時、輕鬆就好。」

別忘了，平面設計是服務業，你的客戶之所以花錢，大多數的情況是想找幫手紓解壓力，你卻把「功課」丟回去，豈不是幫倒忙？而且對方也會認為是你能力不足，或不夠敬業。

當然有些場合，你一定得請客戶挽起袖子參與，這時，你可以盡量出力，多蒐集資訊或預先安排，讓客戶輕鬆一點。例如：

專案內容

你在替客戶做網站，需要客戶寄給你內容的副本，除了寫信向客戶要，有沒有讓客戶更輕鬆的做法？你可以試著把目前網站的內容存在 Word 檔寄給客戶，順便說：「我們現階段需要新的網站內容，為了方便作業，我們把舊版的內容

整理成如附件的 Word 檔，據悉內容會大幅度更動。希望對你有幫助，若有其他地方需要幫忙，請再告訴我們。」

專案圖像

你需要把照片放到替客戶設計的手冊當中，這時通常會想直接寫信給客戶，請他們寄用到的照片。不妨想看看，有沒有能讓客戶更方便的方式？譬如你可以改說：「這階段要決定放哪些照片，網站一共需要七張，有二張在專案一開始提供，所以還差五張。我們在圖庫網站設了一個照片匣，裡頭有十幾張照片，當中若沒有中意的，也可以自行上傳到照片匣後，通知我們。以下是存取照片匣的方式……」

預設粗俗用語篩選功能

最近我們替某公司製作一個兒童網路應用程式，裏頭含有許多提交表單的功能，但由於對象是小孩，我們便加入了粗俗用語的篩選功能，與其跟客戶說：「請提供粗俗用語的清單」，我們的措辭是像：「我們在應用程式新增了粗俗用語過濾功能，根據合作過的專案經驗列了一份清單，你需要這份清單嗎？或者你已有清單？以下是清單的連結……」如同其他例子，這麼做，顯出你盡全力，使客戶端的工作變得更輕鬆。

預擬創意策略單

每次開始新的專案，我們會為客戶編製一份創意策略單，裡頭列出一系列的問題，目的是讓雙方的資訊與認知一致，並打電話或當面跟客戶討論。去電前，我們會填上目前全部的已知資訊。多數時候會先填上假設回答再跟客戶確認，絕對不會寄給客戶空空如也的文件，要他們自己填空。

上面只列出幾個我公司的做法，也許和你公司的客戶或專案的類型不盡相同，而且一定會碰到得由客戶為你出一部分專案工作的情形。不過，這無損我想傳達的訊息，就是：你這端要盡量出力，讓客戶的負擔減到最輕。終歸一句：客戶花錢請你工作，你愈少麻煩他們，他們就愈輕鬆。

68 知無不言，言無不盡

假設別人毫無頭緒、一無所知，恐怕是設計師最應該做的前幾名。此處提的這些沒有頭緒的人，是指你的客戶。我的意思不是説，客戶就是腦袋空空，實際上，客戶多的是腦袋清楚、事業成功的生意人。但多數平面設計師犯的錯，是假設眼前的客戶，對接下來的設計流程，以及自己的角色，所知甚詳，像是認為客戶知道怎麼回饋意見、知道怎麼看待作品、知道專案接下來的工作，諸如此類的「認為」，往往與現實背道而馳。

多數時候，客戶不知道執行專案的內容。可能不知道怎麼好好回饋意見，不知道下一步做什麼，對平面設計的流程，通常一問三不知。不幸的是，專案要成功，最大的因素是看設計師和客戶，有沒有辦法一起合作。你必須了解客戶的需求，而客戶也必須清楚，你為了滿足這些需求，會採取那些行動。不管專案進行到哪個階段，「認為」客戶在狀況外，是比較保險的做法，這樣一來，你的工作就是一路教他們，把專案的角色扮演好。

客戶可能在三個方面需要你的援手，好弄清楚自己的角色跟專案的關係。

客戶需要你協助釐清自己在看什麼

假設客戶懂些電腦，但對平面設計元素一無所知。跟客戶碰面，直接教他們怎麼看，比每次提到樣稿或改稿，都要一一解釋輕鬆得多。如果用電子郵件，那麼假設對方沒有頭緒，針對郵件的內容詳加説明。以下用一些例子，讓你對這種思考方式有些概念，好正確的在日常營運中實踐。

✗ 過度假設：「附件是供審視的商標樣稿。」

✓ 保守假設：「附件是一份十頁的商標 PDF 檔。第一頁出示全部的商標，其他九頁則逐一呈現，供單獨審視。建議你全部印出來，找個地方掛起來。」

（很多次沒提到要看完檔案，客戶還以為我們只做了一個，認為我們狀況外）

✗ 過度假設:「有一份網站樣稿要讓你看過。」

✓ 保守假設:「我們做好要給你檢視的網站樣稿,點下連結就能用瀏覽器開啟查看,這些圖形、按鍵與其他元件並不具功能,目前階段還無法運作。」

(很多客戶不知道樣稿是靜態的,所以會試圖用滑鼠點來點去的。)

客戶需要你協助釐清自己要提供什麼

一旦客戶把設計交到你手上,即使有經驗的客戶,可能也不知道自己在專案中要做什麼。為了讓客戶好好提供回饋意見跟內容,你有責任指導他們,並且弄清楚如何管理他們的期待。沒做好這些事,可能會讓專案中途爆掉,甚至導致事後流失客戶。

✗ 過度假設:「期待收到您對商標樣稿的回饋意見。」

✓ 保守假設:「為了讓商標設計盡善盡美,請提供下列回饋意見。您喜歡的商標跟理由?您不喜歡的商標跟理由?哪個配色跟搭配最接近您的期望?您想不想混合、搭配不同商標上面的元素(像是組合某個商標的字型跟另一個商標的符號)?」

✗ 過度假設:「我們即將動手為您建立網站,請將內容寄給我們。」

✓ 保守假設:「我們即將著手建立網站,請把要整合的內容寄給我們。範本內容(網頁的內文與資訊)可以直接寫在郵件,或提供 Word 檔;照片可以燒在光碟寄給我們,或上傳到我們的 FTP,或放在郵件附件(如果可以附加),您覺得方便即可。數位照片(JPEG、TIF)最好,不過我們也可以自行掃描。如果過程當中需要指導,我們很樂意透過電話討論。」

(千萬不要以為他們知道「內容」是什麼,或是要寄哪種格式,當你提出需求,就要負責指導。)

客戶需要你協助釐清設計流程需要什麼

我們團隊解決這項問題的方式,是在專案一開始,就給客戶一份設計與製作流程的大略說明,然後在專案每個階段,指導客戶下個階段會遇到哪些情況。

✗ 過度假設：「我們很高興網站樣稿通過，接著就可以著手下個階段。」

✓ 保守假設：「我們很高興網站樣稿通過，下一步是程式設計階段。我們會把通過的設計，變成可以運作的網頁。頭幾頁要花最多時間，所以接下來幾天，你可能會發現我們悶不吭聲，但請放心，我們正投入於專案。依照排好的行程表，我們預定在禮拜五給您看部分具功能的網頁。在我們設計程式時，建議您開始收集網站會用的範本與圖形，禮拜五完成網頁建置後就要用到。」

（把握每一次管理客戶預期心理的機會，好好向他們說明各個階段。客戶有權利知道自己在做什麼，以及應該要做什麼。）

切記：注意你的語氣，畢竟，你的客戶有許多（如果不是大多）是極度精明、天資過人的人生勝利組（在各自的行業中）。我說的「假設客戶一無所知」，不過是指客戶對你的行業而言。在提供指示與教學時，絕對不要露出貶意，假設客戶一無所知，不是把他們當白痴，你的責任是在平面設計的流程中，一路為「狀況外」的客戶提供指示和教學。

69 建立長期關係 VS.
海撈一筆

2000 年初我還在福斯兒童和福斯家庭頻道線上部門的時候，找了外面的人替我們的新風格指南做版面設計。對方是另一家信得過的供應商大力推薦的，我們根本沒認真貨比三家，聽到對方開價四萬元，立刻就說好。他們第一次樣稿有抓住感覺，讓我們對接下來的發展十分期待。幾個禮拜以後，我們這邊交了風格指南需要的內容，讓他們放進通過的範本，過程相當順利。最後專案結束時，我們收到極佳的風格指南，對成果十分滿意。

接著對方寄來發票，請款的金額，比當初說好的價錢，多出一筆二萬元的意外「改單費用」！對方解釋說，原先的價格是根據固定的頁數，而我們交付的量，超出他們估計。情況的確如他們所說。風格指南最終的篇幅超出我們所有人預期。

我失望的是，他們從未提過會因為工作範圍增加而追加預算。我們交給他們什麼內容，對方總是開開心心收下，不曾表達工作量已超出我方一開始提議的範圍。我們以為專案的進展是在預算不變的前提下。

我們派了幾個人，跟對方的負責人與專案窗口開電話會議。我質問對方，未曾提示客戶要額外收費，自行就追加 50% 專案成本，是哪門子的生意之道？對方的負責人回我說：「不管從哪方面看，即使收你們六萬元，這專案依舊棒呆了，不是嗎。」不過，他沒有聽出來，我失望的原因，是針對情況而非成本。

事情了結時，我們爭取到追加的預算，替他們請了款項。不過呢，我再也不想跟這批人配合了。他們僅僅用二萬元，就把手上的前景賣掉。接下來的幾年，我一直在福斯上班，那時候我們一年的預算，可是有好幾百萬，這批人一毛錢都別想賺走。後來自己創業，規模成長到比這家當初亂追加預算的公司還大，這些年來，開出的發票上看千萬元，發的外包成千上萬，即使作品、成果絕佳，這批人一樣沒份。

聽起來像是我們在報復對方。我有自知之明，不是記恨的人，是對方的手法太粗糙，才讓我倒胃口。對方似乎不明白，賺一票的收穫，往往不如細水長流的價值。

最近有新的客戶找上門，跟我們分享了一些至今因為合作方改單而受氣的故事。他的抱怨重點，在於合作方總是不按照約定收費，每次請款發票，都會出現額外的費用或追加的收費。我們當然保證絕不會發生一樣的狀況。不過，為了確保讓客戶知道絕對不會碰到突發狀況，我們在提案當中，加入下列條款：

> 客戶在原工作以外，自行要求新增的變更，客戶有責任支付款項。該新增的變更，非由客戶核准其估價，不應執行之。符合原工作內容而新增的變更，不額外收取款項。

平面設計及廣告界有個不好的地方，就是到處都會碰到不跟客戶商量好，就想多收錢的人。這是一種傷害關係的做法，會危害你的職涯成長。

70 苗頭不對快閃人

自行創業的數年後，我們碰到一名客戶，要做一個互動娛樂網站。這專案很大，而且是我們的專長，總而言之，我們覺得對方看起來就像另一家迪士尼、華納兄弟、福斯、索尼，我們覺得受寵若驚，每個人都十分期待。第一次估價我們有點顧慮，為了順利展開，只開了三十萬元。儘管後來對方修改了範圍，同意的價碼低了許多，但對方並不覺得提議離譜。再者，客戶是一家廣告商，更是讓我們對專案的前景深信不疑。再怎麼說，對方對我們瞭若指掌，事情能有多糟？我們滿心期待雙方合作愉快，一切都會順利進行。

接著怪事發生了。快要正式簽約時，對方要求團隊的每個人填一份性向測驗，宣稱這麼做是為了對共事的對象多些了解，而且用的語氣，讓我們以為這就是大廣告商的慣例。我們接受，像個小弟一樣，覺得自己狀況外，我們想：「也許這種大廣告商在合作以前，會要求供應商做性向測驗吧。」對方寄來測試的PDF檔，我們沿著一系列欄位，逐一圈選自己在職場的描述，寄回填好的測驗，等待結果。

對方回應，對我們的性格特質很滿意。每位員工的性格被歸類成四個特徵，同事彼此開心的互相調侃對方的個性。客戶開始詢問專案如何進行、專案成員有誰，我們想打造一支夢幻團隊，就由美術總監主導，他是全公司最厲害的專案經理，備受客戶推崇。結果對方回覆，不希望讓他參與專案，理由是性格跟專案不合（事實上，雙方未曾碰面，也沒講過話，什麼都沒發生），想換另一個人來管理專案。我們應該要對這明顯不過的警訊心裡有數，雙方的關係日後會變成一場災難。

我們早就知道美術總監的本事，他來公司前幾年，就經手了上百件的專案。我們知道他是最佳人選，卻挖洞給自己跳，聽任對方憑著一份五分鐘的測驗，就對公司頤指氣使，任由他們挑選主導專案的人選。對方選的人沒問題，問題出在，美術總監的專案管理技巧更好。

我們啟動專案，埋頭工作。接下來的八個月，只能用悲劇二個字形容。之後客戶改了三次範圍，而且不願對後來才取消的項目付錢。我們每週以電話聯絡，大多是要對方補齊一再遲交的素材，最後，對方要求將專案規模縮減一半。我

們為了讓對方滿意，忍受一次又一次的折磨，後來我們下定決心，儘早好聚好散。

回想起來，專案一開始的奇怪舉動，我們就該察覺，我們應該做的，是豎起脊樑，以自己熟悉的方法做事。況且，哪間公司這麼有本事，能憑一份五分鐘的性向測驗，指使你管理自己的企業？

這個真有其事的趣聞，寓意是我們設計師，往往太寵自己的客戶。專案一開始出現的奇怪跡象，在過程、結尾難免引起更加離奇的發展。最好的辦法是從最開始就掌控專案主導權，而且當你嗅到下場可能不妙的時候，別害怕放棄它。

專案一開始出現的奇怪跡象，在過程、
結尾難免引起更加離奇的發展

71 沒你也還好

回想中學時代，還記得那位外表高不可攀的女生或男生嗎？就是很多人都暗戀她（他）的那位萬人迷同學？我敢打賭，你一定沒見過這些人，露出一副想吃又吃不到的表情。相反的，不管是否有人傾心，這些人一直都是那副滿足、自信的神情。我不是心理學家，不過猜想，這種「不缺你一個」的特質，是這種人得以搶手的解釋之一

接案或創業的人，維持生意源源不絕，是一項永恆的課題。成功的人，至少都有幾個固定發包案件的常客，跟這些人「做生意」，是最優先的工作，麻煩的地方是，你跟客戶親近，傳達了什麼樣的訊息。

如果你開門見山就跟客戶要工作，給人的感覺，就是一副「沒你會死」的模樣。截至目前的職業生涯中，我曾一度落到這種局面。2009 年，當時正是經濟衰退的谷底，以前我們最大咖的客戶 NBC 環球頻道，當年卻沒有任何發包案件。跟世界各地的其他服務業一樣，我們焦躁不安而且按捺不住。我向我在 NBC 最「麻吉」的窗口傳了即時訊息：「很厚臉皮的問你，有沒有工作給我們？什麼都好。」我很清楚雙方的關係，所以不介意讓這名聯絡人看到窘態。不過遺憾的是，沒辦法跟所有客戶，都能有這麼放得開的關係，所以想要拉到生意，最好能更圓滑一點。

我們所試過最好的不著痕跡的求人方式，是向客戶捎一份簡短的訊息：

「我們正在安排下一季的生產進度表，上次跟您合作的專案相當愉快，想知道下一季您是不是有什麼計劃？方便的話，請讓我們知道，好讓我們確保您一有需求，我們就有能力滿足。」

（別傻傻照抄，這類訊息要根據你自己的語氣跟時程修飾，例如下一季，可以改成下週、下個月，或是明年）

傳訊的目的，是讓你對客戶的可能需求，有一些想法，同時也可以充當噓寒問暖的問候信，告訴對方你一直都在，也做好準備，願意在對方需要時伸出援手。基本上，這是種不用表現得渴望跟暗戀異性約會的青少年一樣，就可以爭取到工作的好法子。

72 留心踩到「黃金」

在這行待得愈久，難免會踩到「黃金」。而沾染到黃金的時間越久，身上散發的氣味就愈臭。這跟黃金是不是你家狗狗大的沒關係，情況就是你踩到了，身上就會發臭。

有時候情勢就是會急轉直下。這跟你的專案管理技巧無關，而是在職業生涯的某個時點，你發現自己位在災難的現場，出錯的人可能是你自己，也可能是你的客戶，甚至是第三方的關係。錯在誰一點都不要緊，要緊的是專案脫軌了，客戶失望了，而事發現場的你，看起來就有罪。每個人開始察覺空氣中的異味，你覺得客戶很臭，客戶覺得你更臭，牽連到的人，都覺得對方讓人失望，很難擺脫這情緒。

我有個在田納西開平面設計公司的好朋友，大概每幾個月就會打電話給我，跟我聊他正在處理的情況，順便考驗我的智慧。有一次他就像是掉到糞坑裡。

他的公司替福斯的熱門節目「美國偶像」（American Idol）做線上遊戲。遊戲很好，也快上線了，僅剩的問題是把橫幅廣告整合到 Flash 遊戲。做法是橫幅廣告商把程式碼交給客戶，客戶把程式碼交給我朋友公司裡面的工程師，工程師再放到遊戲裡。結果這方法不行。我朋友告訴客戶，程式碼有問題，而橫幅廣告商的說法是遊戲有問題。

我知道客戶不曉得該信誰，不過，重點怎麼會是誰出錯？我朋友跟另一家廣告商的面子都掛不住，不過更糟的是客戶的面子也掛不住。最後是我朋友的團隊找出並解決問題，讓一切順利運作，扭轉劣勢。不過來不及了。現在他們跟爛攤子劃上等號，渾身沾染異味，讓客戶覺得他們比夏天的豬圈還難聞，我不太相信那位客戶短期內還會找同一批供應商。

以下是讓你自己或你的公司，散發怡人氣息的一些關鍵：

要會閃避「黃金」：溝通是避開窘境的關鍵

確定客戶一直對你在專案的進展、面臨的難題、見人的時刻，都瞭若指掌。如果牽涉到第三方，務必從專案一開始就掌握聯絡方式，這樣一來，當情況有異，你可以直接跟第三方聯絡，不必麻煩客戶充當中間人。

踩到「黃金」就快閃：專案捅了簍子，不要耽誤任何重上軌道的時間

過程中將客戶視為工作夥伴，發現陷入困境，儘快聯絡跟對方解釋，問他們，「做什麼能再次順利推動工作？」有效的溝通，是脫離爛攤子最好的法子。

幫客戶清理「黃金」：不必真的腳踩黃金，才知有多臭

假如專案出亂子，導致客戶「黑掉」，這時你的處境八成差不多。幫客戶收尾是擺脫現狀的好辦法，所謂的「收尾」，我指的是給客戶額外的好處，例如給專案加些新玩意，此外折價一向會有幫助，還可以挑個禮物送給客戶，不妨發揮創意，為所當為。

記住，專案出了亂子，不管禍首是誰，你看起來都有罪，而且需要採取雷厲風行的措施，撥亂反正，再度回歸正常。

留心踩到「黃金」

你絕對有權開除客戶。

73 絕對不要開除客戶？

你絕對有權開除客戶，是我想在本章說的。不過，早期我遇到的一位上司，曾給我上過一堂值得一提的課。

我還住在亞利桑那州時，在一家直銷商服務。那家公司財務出問題，領導階層不時遭人質疑。我在那段苦撐的時間，學到某些教訓。有一次和總裁討論到，如何應付一名難搞的客戶，他給我忠告：

> 「不要開除客戶，而是提高這些人的價錢。這樣一來，對方要嘛付錢，彌補在你身上造成的痛苦，要嘛不付，摸摸鼻子離開，不管怎樣，都是你贏。」

說真的，這段話值得想一想。我試了幾次，結果不盡相同。有些人掏錢，有些人掉頭離開，還有某些人，因此覺得失望。

我們的工程師，大多會自己接些案子來做，有時候會互相外包給對方。有一次，我們的現任工程師，向另一名離職的工程師詢價，想找他做一個小案件。那位前任工程師，回了一個估價，換算成時薪，大概是一千元。提案的現任工程師，有點失望，回嗆：「不想做你就說阿，別開這種欺負人的價錢。」

這是「不要開除客戶」唯一可能引火自焚的情況，所以，實踐這條忠告要小心，不是所有情境都一律適用。有時候，寧願直接婉拒客戶，也不要硬著頭皮接下，苦吞後來產生的苦果。假如是往來過的客戶，要把彼此關係納入考量，很可能牽涉到的「眉角」，比眼前的生意要更複雜（像是有機會寫推薦函，或雙方日後合作更具價值，可以接下更大宗、更優質的工作）。

74 客戶其實沒改變主意

你掏了心，也掏了肺，交出你的提案，甚至大老遠跑去見客戶，希望留下好印象，不幸的是，你沒有得到對方的青睞。客戶試著讓場面緩和下來，告訴你：「上頭改變了主意。」如果我每次聽到這句話，就存十塊錢，現在戶頭裡鐵定有不少錢。後來我們總算搞懂，這句話的真正意思是：「你的東西很遜！我們只是幫你找下台階。」

創業早期我們聽了類似的話，會直接對客戶說：「很高興有這次機會，將來如果有機會幫上忙，請跟我們聯絡。」然後坐下來推敲對方這次不找我們的原因。推敲是好事，說不定以後能改進。不過，如果日後有意爭取同一位客戶的業務，最好的方式是面對現實。想知道事實，你得開口問。「很高興有這次機會，讓您看到我們的提案。精益求精一向是我們的方針，所以很想知道您決策的決定因素。是我們開價太高？經驗不如人？我們樂於收到任何回饋意見，好讓我們在下一次的機會出現時，能為您提供服務。」

你不是沒對提案下工夫，所以有權利知道你被拒絕的理由。假如對方覺得你有成為供應商的潛力，他們會據實以告。你追求進步的欲望，還有積極處置回饋意見，足以自豪的向外展示，而客戶也會看到這一點。

以下是輸掉案子最常見的理由：

價錢

這理由在這一行見怪不怪。客戶完全根據價錢做決定，在某個預算的範圍，讓各方比價，如果你知道這一點，最好祈禱自己的價錢，是從後面算起來的那幾位，不至於出了價就沒下文，如果沒半點預算範圍的頭緒，第五節「如何粗估預算」，對你有點幫助。

信心

信心是另一個決定因素。客戶對其他人來做這工作更有信心，你能怎麼辦？原因可能是公司規模、相關的經驗，也可能只是直覺。話說回來，如果別人是因為能力強而雀屏中選，相形之下更讓你覺得自己遜斃了。

關係

我們著重建立人脈的方針，為自己爭取到許多專案，但反過來說，我們也因為跟客戶缺乏深交，而失去許多專案。有些場合，對方要你提案，根本就是在為內定的供應商人選抬轎，你給對方看提案，結果滿屋子的人都在說：「你看，果然還是某某某比較好。」碰到這種情形，即使向對方提問不選你的理由，對方大概也不會理會（想想看，這時對方也許連收到提案都懶得回信）。在對方眼中，你只是來充數的。如果各方候選人條件一樣，幾乎一定是關係最好的那個中選。

關注程度

有一次我們輸掉提案，問客戶為什麼改變主意。他們的回答著實令人氣餒：「你們的作品很好，開的價錢也剛好，不過有人對這專案興趣更高，所以我們決定找他配合。」換句話說，我們不夠有熱忱。想從客戶手上拿到工作，一定要展現對專案的誠意，你的熱情對方看得到，有助於塑造出「求好心切」的形象。

若沒有被客戶挑上，也別只是掉頭離開，不要放棄讓開價手法更上層樓的機會，開口向對方要回饋意見即可：他們欠你一個解釋。

75 你是不是問了笨問題

我公司的客戶大多不在同一個州,不時要出差這件事,我並不介意。其中,紐約市是我最喜歡的一個目的地,我深深喜愛這座精力充沛的城市,而且熱衷探索當地的美食。趁機宣傳一下,沒去過 Junior's 餐廳的人,務必要把這地方加到你的「必吃」清單。沒必要看它們時代廣場店的菜單,儘管叫「來點特別的」(主菜是多汁牛胸肉跟二片馬鈴薯鬆餅的三明治,配上肉汁跟蘋果醬,美味極了!),吃完以後馬上來一塊好吃的「起士惡魔蛋糕」。

最近有次出門,我跟家人到另一家時代廣場的餐廳(不是我愛的 Junior's),享用一頓「怪怪的」大餐。我發覺餐廳的服務「怪怪的」以後,開始留心服務生的舉動。等了很久,終於上菜女服務生,經過隔壁桌時,注意到那桌健怡可樂的杯子空了,客人的餐點還剩一半,她卻問:「需要續杯嗎?」

有人可能覺得服務沒問題呀,不過,我認為這是多此一舉,錯失了契機。「當然要續杯呀!」我當下這麼想。「他還有一半餐點,需要配飲料。」假如服務生沒問,就端上一杯新的飲料,對方八成覺得受用許多。至少,服務生讓客戶回應時,要預先告訴客人她的計畫,像說:「我幫您拿杯新的飲料,請稍候,請問還有其他需要嗎?」

平面設計師跟服務生很像(其他服務業從業人員也是),平時的工作內容夾雜許多機會,以料想取代開口來滿足顧客需求。

舉例來說,客戶來訪時,花了快一個鐘頭在談他們公司,你察覺到對方聲音有點沙啞,這時別開口問要不要喝水,而是找個機會插話:「你等一下,我去拿罐水。」(因此公司的會議室裡有一台隨時裝滿飲料的小冰箱。)

或者你爭取到新客戶,對新專案興致勃勃,想馬上著手。這時別提出像是:「你會想趕快讓專案動工嗎?」(十次有九次對方會這麼想。)而是反過來告訴對方:「我們了解您希望馬上動工,這裡有一份接下來的製程表……」

類似的情況，你手上的網站來到設計階段的尾聲，準備要設計程式，客戶卻還想做一些調整。這時別問他：「你需要我們變更樣稿，並且寄給你嗎？或者直接在建立網站過程裡加入？」而是改說：「我們把變更記下來了，因為都是些小變動，所以會在替網頁加上功能時，直接調整這部分。」

料想客戶的需求，前瞻性的展示你的執行計畫，往往好過問客戶笨問題。這麼做的好處，不僅可以避免不必要的尷尬，還可以為自己塑造出眾的形象。

76 數字不會騙人

我家一樓為期二個月的重新裝潢接近尾聲，負責擘畫的是我妻子，牆被拆掉，排水管跟電線都重拉。灰塵、磚瓦、碎片之下，慢慢看得出家人跟我以後要待的漂亮新廚房、玄關與起居室。這工程是一次很好的經驗，我們學到的一課，是數字讓人腦袋清醒。一加一等於二，永遠都是，不能拒絕，也不能爭辯。

要整修硬木地板時，承包商告訴我們，得離開房子 24 小時，好讓地板乾燥。我們再怎樣不情願，這 24 小時的恢復時間一點都不能少，數字不會讓步。

工程結束後，我收到承包商的發票，比我預期多出好幾千元。我自知這期間追加了很多要求，但不知道這些要求值多少錢。每個項目都有清楚列出來：

● 訂製木板通氣孔：數量 6，單價 100，總價 600。

● 更換所有門的銀鉸鍊：數量 5，單價 35，總價 175。

● 客廳加裝天花板裝飾線板：總價 350。

● 裝廚房櫥櫃工錢：2 小時，時薪 65，總價 130。

● 其他。

看著條條列好的追加事項、工錢、時數，事實很明顯，我們該付的錢就是這麼多，不再覺得價錢離譜。數字就是數字，用不著爭辯，用不著生氣，說明數字背後的構成明細，經常可以緩和劍拔弩張的場面。

以前我們公司曾收下 TD Ameritrade 的聘用訂金，要替對方製作品牌元素、行銷素材與簡報。設計團隊所做的一份簡報檔，一共有 1,820 頁。當時流程已進行好幾個星期，再花一天，文件就能完成，此時收到客戶的通知：「請修改以下所列事項……。」對方提出要求修改設計風格，而這 1,820 頁都會動到。

驚恐萬分的首席設計師跑來找我：「這得要改上幾百年吧？我們怎麼回答他？直接拒絕會不會讓場面難看？該不會要大家瘋狂熬夜來修改吧？」

我改用數字條列來向她說明，而且一起擬了份「數字不會騙人」的內容寄給對方。

喬：

我們很開心這個專案即將進入尾聲，而且很滿意工作成果。

感謝您提出這次的修改要求，我們了解設計會有所更動，而且諒解您面對諸多決策者，有自己的難處。

很明顯的，這是一個大範圍的修改，而且時間很趕。您們的要求會動到全部的簡報，共 1,820 頁，假設我們加足馬力，也沒有任何意外發生，處理一頁簡報大致上要花 30 秒，所以總共要花 54,600 秒（換言之，就是 910 分鐘或 15 個鐘頭）。但是距離截止期限只剩 3 個鐘頭，我們實在看不出這中間有任何兼顧品質的可行性，這點希望您能體諒。

期待您的回覆。

感謝！

珍妮特

我們按下寄出鍵，急於知道客戶的回應。過了幾分鐘，我們收到回信，對方說：「我方了解這是大幅度修改，而且時限緊迫，謝謝你的說明，請盡力而為。」

對方沒有不滿，沒有跟我們翻臉，數字就是數字，替對方算清楚，有助於彼此互相諒解。接下來我們盡可能在截止前做修改，對方也對我們的工作很滿意。

情況往往是，客戶或上級搞不清楚專案背後的實際運作。說不定還有不少人以為，Adobe 軟體提供了「變出網站」的神奇快速鍵，滑鼠按一下就能生出精美的樣稿。碰到顯然不合理的要求，不妨替對方用數字算清楚，說不定一場火爆的場面因此就化解了。

錄取與否
只需要 65 秒

77

地方上一間大學的設計系學生曾經跑來找我，尋求一些建議。這名學生即將畢業，準備好瘋狂投遞履歷。我們公司也收過無數封希望被錄取的履歷，而我給這名學生的非正式小小忠告是：「決定錄不錄取你的時間只有 65 秒。」

第一關

瀏覽 email 內文，希望是針對我們公司所寫。（約 5 秒）

通過的求職者，前往下一關……

第二關

掃視履歷，希望是以 PDF 格式附上；版面好看嗎？有自己的圖標嗎？字型使用是否留心？（約 10 秒）

通過的求職者，前往下一關……

第三關

檢視履歷，尋找我們覺得能替公司加分的技能、經歷的關鍵字。（約 20 秒）

通過的求職者，前往下一關……

第四關

尋找作品集的連結，最好是上傳到個人網站名稱的數位格式範本。我們對於透過郵件附加檔，或是上傳公用圖片空間的作品範本不怎麼感興趣。（約 30 到 60 秒）

通過的求職者，前往下一關……

第五關

在求職信或 email 內容搜尋薪資要求，如果對方沒附，就請辦公室經理寫信向對方詢問薪資範圍。

通過的求職者，前往下一關……

第六關

請辦公室經理安排面試，在求職者的履歷上標記以加深印象。

通過的求職者，前往下一關……

第七關

進行面試。

通過的求職者，前往下一關……

第八關

求職者找到工作！

我猜想我們公司在茫茫「履歷大海」中撈針的方式，跟其他公司不會差太多。切記，履歷要自己寫、自己編，做一個吸睛的作品網站，人資經理看到你的時間，很可能只有幾秒鐘，讓這短暫的片刻，化做永恆。

78 不著痕跡的加薪說詞

入行至今我只有要求加薪一次，回想當時的我，簡直就是白痴。那時候公司有點拮据，董事會剛把執行長炒魷魚，由一名董事代理。我這幼稚無知的員工，決定為我應得的合理薪資據理力爭，新主管聽了我的案例，說會考慮看看，結果幾個星期後，我就被資遣了，同時被資遣的還有團隊中的其他成員。我自認並非開口要求加薪而遭到資遣，但心裡很清楚自己真是貨真價實的大白痴。明明就看過公告說明公司為了一改過去的管理不善，將進行全面的組織重整。如果當時多一點耐心，等鋒頭過了，才是更好的做法。

金融危機時，有一位團隊成員跑來找我，要求我替他加薪。我們公司跟所有公司一樣，手上雖有現金，但只夠日常營運，加薪或分紅這種事，除非改變現有員工結構，否則不可能發生。這名員工試了好幾種方法，首先是裝可憐：「我現在都吃拉麵度日。」接著自吹自擂：「我的編碼能力比辦公室所有人都強。」但都沒能成功使我們對這名工程師改觀，而且他完全沒給我們時間準備，就一副對立姿態。因為他預期當下就會加薪，沒料到我們既沒打算，也沒預算，給這名員工正面回應。最後，這名員工失望的離開，我們則好奇他會不會開始投履歷，或是喪失對公司的向心力。

老實說，像這樣子要求加薪，幾乎都會讓場面難堪，跟老闆的關係也會陷入僵局。但是有個法子，可以不提到「加薪」一詞，便能傳達出加薪要求。想像一下，某間密閉的會議室，正在上演一段對話。

　　員工：「我只想表達，我喜歡公司的環境，有很棒的團隊，對工作內容很滿意，每天上班心情都很好。」

　　老闆：「真高興聽你這麼說，你在專案幫了大忙。」

　　員工：「謝謝，認真工作是我的本分。我想花一點時間，讓你知道我有意在公司長期發展，想了解該怎麼做，以後才有機會加薪及升遷。我不是說現在就要調，只是想了解是否有這個機會，與你取得共識，這樣一旦時機成熟，我就能理所當然提出要求。」

　　老闆：「好，聽到你主動提起，我很高興。有些你可以做的事，像是……」

要求加薪是門絕學。成功與否，
關鍵在於時機跟技巧，
而且過程要顧及雙方關係。

員工（一邊記筆記）：「那好，我就從這些事情著手。下個月方便約個時間，討論我在這方面的進展？」

老闆：「可以，我也希望再聊聊，再次感謝你主動提起。」

以上的對話方式，可以達成一些成效：

首先，你的老闆現在知道你想多賺點錢，但你沒開口要錢，所以接下來還可以觀察。多數的老闆會花時間想想你目前的待遇，甚至查看預算，看看你適合落在哪個區間（下次會議就能派上用場）。

其次，你也鋪好日後談加薪的梗，下個月跟老闆開會討論薪水，場面就不會尷尬，你老闆現在知道，短期內你將要求調薪，所以不會什麼都沒準備。

第三，你跟老闆現在就加薪這件事，是站在同一個陣營（不是來找人吵架，互相防備，甚至讓人覺得想對公司預算獅子大開口）。你清楚老闆想看到什麼，老闆也高興有你這樣打算做更多貢獻的員工。

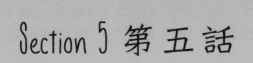

Section 5 第五話

生意經

沒有任何商業素養，就貿然踏入
設計這行，跟沒受過跳傘訓練，
就跳出飛機機艙一樣，等著倒大
楣吧。

79 熱忱會帶來黃金

我在中學的同學裡，是很會畫圖的那種，平面設計師這樣的應該很多，每一堂美術課，我都拿高分，陶醉在創作過程。不過，大學第一年，我卻不知道選什麼當主修。我念的印地安納大學，商學院排名在國內一直很前面，很多朋友都決定主修商學，隨波逐流的我，於是把學商業藝術（就是平面設計）的計畫拋諸腦後。揀了一條以為比較有「錢途」的路後，我的學業成績跟興致卻一落千丈，印象中，我在大一四處鬼混的時間比上課還多，但是我有苦衷，比起商學的基礎課程，我寧願上課時「抓虱母相咬」，還比較不無聊。

大一瀕臨被二一，父母無疑為我的前途操心。他們看我對課業興趣缺缺，建議我重新考慮「美術」一途。母親買了一本書幫我理清頭緒，書名叫《Do What You Love, the Money Will Follow: Discovering Your Right Livelihood》（暫譯《賺錢別勉強：選對謀生之道》），作者是 Marsha Sinetar。內容我沒讀，一直都沒有，但光看書名就很震撼，我決定走上平面設計之路。坦白說，我估計就算當到了創意總監，年薪約四萬五到五萬美元，也只有念商學院朋友年薪的一半，但我自我安慰，至少能靠興趣餬口。

不用多久，我明白一個道理，就是一個人選什麼職涯，日後差別其實不大——你對職業有滿腔熱忱，就能賺到大筆金錢。真的熱愛工作，根本不需勉強自己就能樂在其中。在從事的行業裡自我教育，是你一生的課題。熱忱會驅使你的技能成長，努力工作且堅定不移，這些特質會讓你有所成就。你投入職業的熱情，會使你不管到哪一行，都能出人頭地；一旦躋身行業的佼佼者，自然有人捧著大把鈔票，找上門請你辦事。我認識一些很有錢的剪貼畫家、舞者跟樂手，活得很踏實，忠於本身的夢想。

這種生活態度有一個優點，真心樂於謀生事業的人，對金錢看得比較淡。不支薪也甘願做的工作，付錢要你做，你會在意賺多少嗎？平面設計之於我就是這樣，我愛做，做很多，不想停手；我的自我教育沒有片刻中斷，而且後來確實賺了錢；我愈來愈高竿，新邀約應接不暇；公司有成就，要算我一份，替我加薪；28歲時，我就當上 Fox 的創意總監，辦公室窗外就是比佛利山，薪水是我原先以為要幾十年才賺得到的三倍；30歲自己開公司，充滿酸甜苦辣，手上的大牌客戶，有些本來想都不敢想。

諷刺的是，我當了商學學位的逃兵，一心走上創作之路，如今卻成為一名熱愛自己職業的生意人。說實話，從設計師、創意總監，到企業老闆的過程，我幾度緬懷曾經日夜親手操作 Photoshop 的歲月，覺得自己走偏了，踏入以前避之唯恐不及的胡同，然後我想通了：「我可能不會再創作 logo 或網站，但我還是在創作，創作一家企業、組織文化，還有品牌。」這個念頭，促使我把精力投注在新事務，我對設計的熱忱，全部轉移到打造一家企業，想當然耳，錢一樣繼續跟著我。

我沒辦法保證每個人的結局都一樣圓滿，我很清楚自己多麼幸運，選了自己喜愛的職涯，而且人生從此改觀。餬口的生計，竟是夢寐以求的嗜好，這份喜悅絕不是金錢有辦法取代的。

餬口的生計，竟是夢寐以求的嗜好，
這份喜悅絕不是金錢有辦法取代的

表面工夫

外表井然有序可向顧客傳達出員工知道自己在做什麼；外表井然有序可向員工傳達出企業主知道自己在做什麼；外表井然有序可向外界傳達出，當一切失去控制時，這裡仍舊安穩；外表井然有序可向顧客傳達出這間企業交付的成果值得信賴，而員工可以在這裡安身立命；外表井然有序可向外界傳達出內在架構一切井然有序。

——邁可‧葛伯《你的第一本創業指南》
（The E-Myth Revisited，1995 年，103 頁）

《你的第一本創業指南》是一部劃時代的經營聖經，書裡面有太多足以扭轉人生的嘉言慧語，某些對我的職涯影響深遠。

我剛僱第一批員工那陣子，經歷一段彼此共事的磨合期。有人習慣的工作方式，不一定和我相同。在讀了《你的第一本創業指南》當中，提到外表井然有序對企業的好處，還有加諸潛在客戶的印象以後，我清楚自己尚未建立一家外表井然有序的公司，反而比較像是一處聚集自由接案者的地方。我的客戶也察覺這件事。當下我開始試圖對客戶傳達一個統一的訊息，也就是公司的經營方式是採取前後一致的目標，以及有條不紊的方法。

我做了個內部網站，寫下公司的「制式規格」，其中涵蓋了舉凡接電話到交件等一切事項的方式。從那天開始，客戶對我們公司的印象是前後一致的。客戶不管接觸的是我本人，或是剛到公司一個禮拜的新人，交手經驗都是一樣的。

即使你是單打獨鬥，現在就找出自己的「一套」以及最佳範例，仍是出頭天的良好途徑，這麼一來，日後業績蒸蒸日上，應接不暇的時候，你手邊就有現成的方法，得以度過關卡，同時讓你的客戶看見最好的一面——即使私底下你像隻拼命划水的鴨子——不至於出現失控的場面，而且，客戶會對你感到放心，你也會比較有自信。一旦業務的推行可以日復一日有條不紊，過不了多久，即使生活跟工作陷於水深火熱，你依舊能夠神態自如。

81 各種收費方式

接案跟創業以來，我經手的案子不只 1,500 件，自詡為收費結構的達人，還算客氣的説法。原本我幾乎只開定額費用，後來客戶名單愈來愈長，就開始改成工時、聘用、專人服務的收費方式。不同收費結構，各有其利害，充分了解、跟客戶講清楚、説明白，並選對工作要用的收費結構，可能決定了日後客戶經驗的好與壞。

定額收費

定額收費是對訂好的工作範圍索取固定的價款。你跟客戶講好要做什麼，跟成本是多少，只要不超過工作範圍，客戶就支付報價的金額。經驗告訴我，定額收費是平面設計這行最普遍的收費方式。

有利於你：你清楚案子要收多少錢，只要花的時間比預期短，利潤就變多。

不利於你：因為價格沒有彈性，如果花的時間比預期多，利潤就變薄（甚至虧錢）。

有利於客戶：客戶知道遵守約定的工作範圍，會花多少錢，正常來説，預算不會透支。

不利於客戶：鑑於定額收費的僵固特性，設計師往往需浮報估價，以應付突發情況，所以同一件案子，採取其他收費結構，反而可能便宜一點。此外，後來客戶要是變更範圍，而且超出你的容忍限度，就可能收到改單通知，因而覺得你很愛計較小錢。

提醒事項用定額收費，工作範圍要界定清楚，要是沒有把所有的細節（交付項目、功能、設計回數、變更回數及其他等等），都白紙黑字列在提案上面，很有可能最後就會碰到麻煩。

你必須協助客戶，嚴格遵照工作範圍，但實際上，不管你自以為寫得多清楚，客戶有可能突發奇想，希望你多做個什麼。引導客戶隨時留在界內，不是一件輕鬆的專案管理工作。

運用時機定額收費最適合用在客戶清楚要你做出什麼來，而且對預算心裡有底的場合。

依工時收費

你跟客戶約好每小時的費率，你把工時記下來，然後按約定如期跟客戶請款（如每週或每月）。

有利於你：你花多少時間，都不會白費，以這個方式，你不會有虧錢的風險。

不利於你：沒有「物超所值」的餘地。你在 logo 設計花一個鐘頭，就只可以收一個中投得錢，不能以「物超所值」為由，跟客戶多收錢。

有利於客戶：客戶可以不一開始就釐清雙方合作的工作範圍，保有改變主意的彈性，隨時添加新的項目。

不利於客戶：依時數收費的服務，客戶很難訂定預算。

提醒事項雙方關係要長久，建議定期溝通案子花費的工時，還有每次接案，預先告訴對方一個大概的時數，以免對方看到請款金額，臉都綠了。

運用時機工時的收費結構，最適合用在維護的場合。例如你做好網站，客戶希望你不時過來現場更新；或者你做好文具組的設計，後來客戶希望你做新員工的名片。

聘用約

聘用約基本上是根據時數。一般來說，你視客戶聘用你的時數（通常按月）給費率打折，例如，你的基本費率是每小時$100，你給客戶開的聘用約，按客戶聘用你的時數而定（每月聘用 20 到 40 小時費率是 $90，41 到 60 小時是 $80，61到 80 是 $70，以此類推）。聘用約是客戶買時數來用，通常視需要由團隊各成員分攤把工作做完。

有利於你：你每月固定可以請款，不用擔心現金流量，也可放心找新的人手，或依合約擴大經營。

不利於你：時數按照數量打折，你的毛利也隨之減少。如同工時的收費結構，「物超所值」派不上用場。

有利於客戶：費率照數量打折，客戶工作量大時，花的錢比較少。

不利於客戶：這個收費結構，客戶有必要把時數用完，否則錢就白花了。每月聘用 40 小時，即使只做 38 小時，還是要付 40 小時的錢。

提醒事項既然客戶買了你的時數，這段期間，你必須格外花心思，直到時數屆滿。而且要如實紀錄工時，方便請款。

常出現的情況是，客戶搞不太清楚，時數用或不用，你都已做好配合對方的業務安排。客戶要是超出約定時數，必須額外付費，多出的工時，我們一般是照聘用費率加 10% 收費。（例如客戶聘用 80 小時但用了 90 小時，前 80 小時費率 $70，最後 10 小時費率 $77）多收的費用是補償預期以外的額外工作量。

運用時機聘用約最適合用在客戶的業務量很大，需要在一段期間內做完，但細節仍不明朗的場合。

專人服務

跟聘用約不太一樣，專人服務是在一段期間，指派某個員工給客戶。聘用約買的是時數，專人服務買的是人手。這收費結構通常採「人頭時間」計價，雙方決定案子花多久，以及指派的專人。客戶買愈多「人頭時間」，費率愈低。（例如，雙方安排一位員工，為期四到六星期，一週 $5,000，七到十星期，一週 $4,500，十一到十四星期，每週 $4,000，以此類推）

有利於你：如同聘用約，這方式不用擔心現金流量，雇人比較放心。

不利於你：跟聘用約一樣，費率折扣不利毛利，而且你可能得把最厲害的手下，指派給客戶，無法派去其他案子。

有利於客戶：客戶工作量愈大，付的錢較少，而且可以跟指派的人員密切合作。

不利於客戶：根據約定的內容，客戶其實像是直接僱用你指派的人手，因此有必要好好差遣，發揮最大的效益。

提醒事項 務必要在合約加上競業條款，禁止客戶把你的人手挖走。畢竟雙方關係密切到一個程度以後，非得注意這項隱憂。

運用時機 這個收費結構最適合用在長期配合，而且案子的範圍跟事項，很難一開始就決定的場合。這方式常見於軟體開發，有時需要把人手派到客戶處駐點。

充分了解、跟客戶講清楚、說明白，

　並選對工作要用的收費結構，

可能決定了日後客戶經驗的好與壞。

82 開工費率

不知道自己的成本，要怎麼跟對方開價？我花了很多年，好不容易走出迷霧。以前我對該開什麼價錢，沒半點頭緒，而且坦白講，我的底線是只要對方肯出錢我就接；後來公司開始步上軌道，我很快就明白，掌握成本是多麼重要的事。弄清楚自己的成本，能幫你訂定價錢跟承攬新客戶，也能釐清每一件案子要分配多少時間。

我不是會計師，我手下的會計師，讀到這裡，可能覺得我腦袋「秀逗」也說不定，但是我知道有個算式，可以簡單的算出每小時的開工費率（就是你做平面設計的成本）：

年度經常開支 ÷ 年度製作時數 = 每小時的開工費率

下面舉了二個情境：

情境 1：你是待在家裡地下室工作的接案者，你認為自己的年薪值 60,000 美元，水電開支（含網路、電費、電話費及其他等等）每個月約 300 元上下（每年 3,600），設備(電腦、印表機、軟體升級及其他等等)每年要花 5,000 元左右，營業費用（公會、行會的年費、車資、紙、規費及其他等等）每年約 2,000 元，別忘了把供應商的開支算進來（會計師等），這部分每年一般是 1,500 元。

$60,000 + $3,600 + $5,000 + $2,000 + $1,500 = $72,000 每年的經常開支總數

正職員工一年的工作時數介於 2,080 到 2,096 小時，視假期跟企業慣例而定，我取 2,080 這數字來說明。現在，假設你雇用自己，所以要計入管理事業的時數（跑銀行或參加同業大會可不能向客戶請款），姑且假定這「非生產」的部分，佔去你 10% 的工時，所以可以請款的工時頂多剩 1,872 小時。有了這些數字，你就可以把「不賺不賠」的時薪算出來：

$72,100 ÷ 1,872 = $38.51

$38.51 是你每小時的開工費率。現在，你可以放心跟客戶開價，而且清楚議價的空間，底線是每小時 $38.51，否則就會虧錢（或年薪低於 $60,000），接下來你可以考慮把時間花在哪，有次我突發奇想，開始算計，「花三個鐘頭割草坪，要花 $115.53，找鄰居小孩做的話，只要 $30，不就省了 $85.53 ！」

情境2：你開了間小公司，包含自己一共有五名員工，你的年薪是 $70,000 美元，付給三個設計師各 $40,000、櫃台小姐 $20,000（年薪加總 $210,000），辦公室月租 $2,000（年租金 $24,000），其他開支一年約 $40,000。

$210,000 + $24,000 + $40,000 = $274,000 每年的經常開支總數

櫃台小姐做的事情，不能跟客戶請款，所以不算在生產時數，其他三名全職設計師，每個貢獻工時 2,080 小時（共 6,240 小時），不過你自己實際投入製作的時間只佔 20%（其餘都用在行政、業務工作），所以只為工時貢獻 416 小時（2,080×20%），根據上面的數字：

$274,000 ÷ 6,656 = $41.17

$41.17 是你每小時的開工費率。最精彩的部分是計算員工打混摸魚的成本，假如那三個設計師下午偷空打了一小時的電動，成本竟高達 $123.51！

如何獲利？

有了「開工費率」，算利潤就簡單，只要替時薪抓個獲利率，就是報給客戶的費率。要是「開工費率」是 $38.51，毛利訂在 20%，那開給客戶的價錢就是每小時 $46.21。

$38.51 + $7.702 ($38.51 × 20%) = $46.21

要是「開工費率」是 $41.17，毛利你想訂 50%，那麼每小時應該向客戶索價 $61.76。

$41.17 + $20.585 ($41.17 × 50%) = $61.76

這算式沒有科學根據，問你的會計師，也許會聽到更精準的數字，不過我自認為這個簡單算式，對我的報價過程有莫大幫助，相信對你的接案，或其他經營方面也會有所助益。

83 定額收費的算計

要替自己的工作，訂個合理的價格，工程並不簡單。經驗告訴我，客戶大多寧願採用定額收費；他們樂於知道收到的東西要出什麼價錢。站在設計師的角度，清楚工作範圍索取的價錢也不錯。定額收費有幾個難題，首先是價格必須有所本，我剛出來接案時，「所本」通常指「時數」。我把工時的價格，定在每小時 $60，接著大概抓一下，把估計工時寄給客戶。問題是，設計跟美工我做很快，所以按時數收費，會低估多數由我經手的工作，這種情況，我要嘛抬高時薪，要嘛得想一個新收費方式。

我嘗試根據交付項目收費。我的估價會包含各部分的價目表，以網站為例，我會一張首頁開 $500，子頁面每張開 $150，然後加起來，得出價錢。用不了多久，我就發現（而且付出代價）這法子毛病很多。（詳情見 84. 當心價目表）。

試過各種方式，經常有股感覺，自己像在射飛鏢，然後看插中哪裡。這說法並非空穴來風，用定額收費的人，往往是投了鏢，然後期待落點對你有利。儘管估價沒有一個完美的方式，有些保險的策略，是可以確保你投出的鏢，會落在靶上對的區域。

定額收費是在以下項目取得平衡：成本、價值、預算。底下逐一說明。

成本

估價第一個要考量的，是工作的成本。你必須清楚自己花時間把案子做好的成本，方式有訂一個合理時薪，並且加總專案預計要花的時數，或是精確算出工時費率（把年度經常開支除以當年的製作時數），再加上毛利的百分比。

價值

第二項要考慮的，是專案的合理市價。Logo 花你一個鐘頭做好，不表示你只能收客戶 $60。每位設計師手上，最好要有本《平面設計同業公會手冊：訂價及倫理指引》，這本書每幾年會改版，裡頭依照全國專業人士的調查平均數，分門別類列出各種平面設計服務的訂價。這本書是了解設計作品合理市價的好法子，不過讀的時候要注意，調查平均數看不出設計者的規模和程度，調查顯示中型企業的手冊值 $8,000，但你是剛畢業的菜鳥，那麼開這價錢，別指望接到生意。參考本書的目標，是了解其他同業遇到類似的案子，會開多少錢。

預算

最後，你必須對客戶的專案預算有點眉目。錯誤高估預算開出的估價，接不到案子（要是估少一點有多好！）。錯誤低估預算，收的錢可能不夠而賺不到錢。（怎麼得出客戶預算，見 86. 預算現形記）

知道這三個考慮的項目，接著要知道怎麼取得平衡，底下來看例子。（幣值為美金）

客戶要做「A 專案」

你預期專案會花 10 小時，你的工時費率是 $60，總價 = $600。

你根據同業平均，估計案子市價值 $2,000。

而且你打聽到客戶打算花 $1,000 做這個專案。

簡單的法子是計算三個項目的平均，就是你給客戶的估價（$600 + $2,000 + $1,000 = $3,600 ÷ 3 = $1,200）。

難就難在，情況往往不是把三項平均這樣簡單，有時候，你必須特別著重某個項目。

客戶要做「B 專案」

你預估案子要花 100 小時，費率是 $60，總價 = $6,000。

你根據同業平均，估計案子的市價值 $15,000。

而且你打聽到客戶打算花 $7,000 把這案子做好。

這個情況，由於你很想接下案子，所以估價必須接近客戶預算，我建議價錢落在成本和預算中間，例如 $6,750，這價位雖遠低於市價，但仍能賺到錢。

客戶要做「C 專案」

你預估案子要花 200 小時，費率是 $60，總價 = $12,000。

你根據同業平均，估計案子的市價值 $18,000。

而且你知道客戶打算花 $25,000 把案子做好。

這時，你可以估 $18,000 左右，接著視雙方關係，你可以告訴客戶，照市場行情，這類案子價位比預算低，而你不打算佔他們便宜。這舉動通常很受用，雙方可以有一個好的開始。

到頭來，定額收費難免有碰運氣的成份，運用你的判斷，看價錢所本，愈清楚專案、客戶，跟客戶的期望，做起來愈容易。

84 當心價目表

多數客戶青睞定額出價，好處是案子花多少錢一清二楚，而且透支機會很小。從設計師的角度，定額出價不全然只有壞處，畢竟案子能賺多少錢，心裡可以有個底。

我一開始接案那時候，只做定額出價的案子。客戶送來規格，我標上價格，看客戶同意不同意。尤有甚者，我會視案子需要，把各項拆開、予以細分。

首先，我會衡量全案要花多少時間，接著逐項列舉，分別定價。例如，做 logo 的客戶，想要一起做文具的設計，我會估計案子做到好大概要花二天，假定案子的價錢我開價美金 $2,000，接著為了把成本講清楚，我會列出這案子的價目表。

方式一

> Logo 設計 = $800
>
> 公司名片設計 = $400
>
> 信箋設計 = $400
>
> 信封設計 =$400
>
> ─────────────
>
> 總計 = $2,000

以上每一項，提案上都會說明，好讓客戶一清二楚。我很喜歡這種方式，一項一項的，看來童叟無欺、井井有條，像是在說，平面設計師送價格來了！

注意：小心這種估價方式！

我用這方式定價吃虧的次數，多到不太好意思承認。客戶看了明細，想了想，信箋、信封不做沒關係，要我把這兩樣刪除，剩下的工作，雖然標價 $1,200，但實際的價值，可能更接近我原本訂的 $2,000。

原因出在，案子最費工的部分，是「Logo 設計」這階段。你在這部分下工夫，同時會打量它在其他文具的效果，而且一旦名片做好，信箋跟信封根本不算什麼，換句話說，案子價目的明細，和下者更為接近：

方式二

> Logo 設計 = $1,600
>
> 公司名片設計 = $200
>
> 信箋設計 = $100
>
> 信封設計 = $100
> _____
>
> 總計 = $2,000

不過，上面這張價目表，客戶看 logo 要花 $1,600，可能會猶豫。多數小公司會拜託親戚做設計的朋友，替他們做 logo，然後送自家公司的產品答謝，把 $1,600 省下來，所以，你也不該用這方式報價。

到頭來，像方式三這樣報一個總價，比前二個方式好。但這法子也稱不上好，因為明細表有助於客戶，吞下比較大的案子（想像你到車廠修車的場景）。

方式三

> Logo、公司名片、信箋，及信封設計 = $2,000
> _____
>
> 總計 = $2,000

那麼，設計師怎麼辦才好？你要做的，是以更貼近真實的方式定價，列舉客戶會收到的（交付項目），然後依此訂定價目。

方式四

> 專案管理 = $300
>
> 設計 = $1,000
>
> 製作 = $700
> _____
>
> 總計 = $2,000

「專案管理」包含交付、聯絡跟行政等專案執行事項;「設計」涵蓋專案成果的創意工作;「製作」是指創造可供印刷的檔案。如此列舉價目,客戶得以清楚總價的由來,而且,沒有一項客戶省略了,而不需重新估價(不同於方式一)。

有時候,客戶就是非得要你像方式一那樣訂價目表;他們想清楚知道每一項的成本。不答應要是做不成生意,那就照辦吧。列價目要當心,檢查數字時,問自己以下問題:「客戶要是在成本價目表劃掉任一項,總價還可以接受嗎?把一項抽掉以後,其餘各項仍能照標價執行嗎?」答案是不能的話,就重新檢討數字,直到滿意為止。聽到客戶要你提供價目表,下一步就要想到,對方是不是想刪項目,從善如流,手腕高明。

客戶要求價目表按方式一辦理,而且答應照標示的價格,請務必向客戶指出定價採納規模經濟,更多這方面的訊息,請看 87. 麥克雞塊經濟學。

85 不花錢的最貴

2009 的年底，我公司接下迄今單筆金額最高的一件案子，八個月以後，我們正經歷一場史無前例的恐怖災難，交手的客戶，反覆變更範圍、修正構想，我們見招拆招，自動工以後，我們三次提出變更，並重啟專案，每一次都得重寫提案，被迫自行吸收先前為談定後製作，但後續不再為客戶所用的作品。

最後，客戶要求第四次變更範圍，這次打算砍半，好配合新投資人有意自己做的規劃。在一次與客戶不愉快的激動通話，我們告訴對方，最新這第四次的提案，預算只剩原先一半，我們會因為前三次後來取消的項目而虧錢。客戶回答：「我們在提案二跟提案三上面，沒看見任何成本清單。」他們說得對，我們是出於關係的考量，決定自己吞下去的，沒留下白紙黑字。我們一廂情願，釋出善意，對方卻不領情，我們的熱臉貼到了冷屁股。

很多人都聽過「不花錢的最貴」這句話，我找不到出處，但花了不少時間思考話中的道理。平面設計這行，很多工作是不收錢的，但不代表它「免費」。你付出時間跟精力，又不收錢，圖的是客戶有朝一日想到要禮尚往來，例如交情、回報、引薦、默契，諸如此類。

為了不讓時間跟「心意」白費，你必須把做過的事，都留下白紙黑字，收錢或不收錢都一樣。這個手法可以輕易在提案跟發票上面完成，為了清楚起見，底下舉例說明。

有個客戶找你設計 logo，你簡單寄了份提案，價格標示為 $500。設計過程中，你自己決定再做張名片來襯托 logo。客戶看了，覺得很滿意，希望你能提供名片的印刷檔。你想既然做都都了，決定跟對方不收錢，但為了「明示」這份「心意」，你可以在發票上面多加一行：

Logo 設計 = $500

名片設計（價值 $300）= 不收錢

應付總價 = $500

少了這行「心意」，客戶未來在金錢上對你投桃報李、禮尚往來的機會，就大幅降低。

最近有個客戶跟我們重簽聘用約，原本對方以每小時 $80，每月買我們 $8,000 工時的設計與製作。不過，由於到了年底預算緊縮，他們提出要減少 10%。我們為了彰顯雙方的「交情」，決定維持原時數，少收的算折扣。對方聽了很高興，但我們送出新提案的時候，忘記留下白紙黑字。

我們的提案寫的是：

> 每月 80 小時的設計與製作 = $7,200

其實應該要這麼寫：

> 每月 80 小時的設計與製作 = $8,000
>
> 折扣（10%）= -$800
> ─────────────────────────
> 月費合計 = $7,200

一個月後聘用約到期，雙方重新簽約時，客戶順理成章以為每月 80 小時的費用是 $7,200，這時再解釋費用是 $8,000 的話，聽起來反而像我們漲價，「好心給雷親」，引火自焚。

偶爾碰到不收錢的場合，你寧可用折扣的名目，像是：

● 親友折扣：用在親朋好友。

● 老顧客折扣：用在二次、屢次上門的顧客。

● 學生折扣：用在教育機構。

● 慈善折扣：慈善團體上門，我們收「成本價」，也就是只收「工錢」，不賺錢。

手段跟措辭不管怎麼包裝，重點是在提案跟發票上面，白紙黑字把「全額」費率講清楚說明白，並特別標出折扣。

86 預算現形記

製作提案是一件曠日費時的工作，後來案子又沒談成的話，花的時間跟心力就跟著付諸流水。問客戶預算，不一定是步好棋；對方也許會顧慮，把預算告訴你，那麼就算成本比較低，你也會報個跟預算一樣的價格。（有時他們是對的）

問題是，客戶不給你一個價格區間，你就像在盲人摸象。你不知道客戶想上法國餐廳，或者到速食店用餐，而且，外人很多不清楚平面設計的工時跟成本，他們可能覺得某個網站只值 $1,000，但實際上做好要花 $10,000。

底下是一些幫忙你套出預算的技巧，摸清楚預算以後，再動手做出有模有樣的正式提案也不遲。

開門見山法

「John，現在案子的規格我都有了，那你的預算打算是多少？」

旁敲側擊法

「我們以前做的類似案子，成本落在 $5,000 到 $10,000，你的預算有落在這區間嗎？」

參考基準法

「我們一向會問客戶預算在哪，弄清要納入提案的功能。現代跟法拉利都有做車，但是你要案子像一件精品，或只要能用就好，日後再擴充功能？」

援引前例法

「我們不確定這報價有沒有競爭力，我要問一下設計團隊，這會花多久時間，不過就我了解，上一個類似這件的案子，價錢大約 $5,000 左右，這價位你看怎樣？」

快覽表

擔心客戶預算不夠的話，不妨先寄一張「快覽表」給他們，而不要貿然著手製作正式提案。「快覽表」是一頁包含下列內容的表單：

- 專案摘要（幾行專案的描述）

- 時程估計（案子做好的時間大概要多久？）

- 成本估計（案子的估價）

寄快覽表給客戶的時候，順便在郵件加入下面這段文字：

保險起見，還沒詳細列出專案範圍以前，我們先請你看一張「快覽表」。附件的表格提到就我方所知的專案摘要、時程及成本，請回覆這三個項目，是否跟你所想的一樣，然後我方會著手製作正式的詳細提案。感謝你的配合。

這些技巧很管用，一來可以嚇跑根本沒錢的客戶，二來套到客戶的預算，可以提升報價過程的自信心。

87 麥克雞塊經濟學

話先說在前面，我大一的經濟學拿了 D，不過這個分數，不是因為我念不懂，而是我都在鬼混，沒去上課的緣故。為了能低空飛過，我學到二個道理，第一個是「報酬遞減法則」（白話點就是你每天第一個小時的工作生產力，比第 20 個小時高；或是第一片入口的起士蛋糕，比連續吃下肚的第 10 片來得美味）。我學到的第二個道理叫「規模經濟」，跟我接下來要講的有關。

基本上，規模經濟是指產品或服務的單位成本，隨產量增加而遞減，例如量產的情況（也就是說，案子規模愈大，相關的單位成本就愈低）。

底下是一些規模經濟在平面設計業發揮功用的例子。

有個客戶找你設計公司網站，你研究以後，認為需要做 10 張網頁，這 10 張網頁要價美金 $10,000，工時為 100 小時。

另外一位客戶也找你設計公司網站，你研究以後，認為要做 15 張網頁（頁數比上一件多出 50%），內部經過討論，發現做 15 頁的工時，只比做 10 頁高出 10%，因此你開價美金 $11,000（金額比上一件高出 10%）。

這個現象就叫規模經濟。每個網站都需要從頭設計，製作整體的外觀跟質感，做好三到五張網頁以後，工程師就有足夠的程式碼，可以複製貼上，所以接下來的五頁需要的時間很短。事實上，最初的設計跟程式最費工夫，三或五頁的網站，跟 10 頁的網站，花得時間可能差不了多少（視設計的複雜程度而定）。

再舉一個規模經濟的例子。你在設計一系列的雜誌廣告，最初的廣告構想做出來，可能就耗掉 80% 全案所需的心思跟時間，製作後續廣告用掉的時間，只佔頭先創作的一點零頭。

以印刷品進一步來看，單位的印製價錢，會隨量增下跌。舉例來說，印一萬份刊物，單位成本是 $1（總價 $10,000），但印一千份刊物，單位成本可能是 $10（總價 $10,000），理由是不管案子大或小，用到的平均人工跟前置時間，還有材料成本，隨數量增加而減少。

連鎖速食店也看得到規模經濟！你買一份加大的套餐，加大的飲料跟薯條的單位價格，因為數量折扣的關係降低了。我最喜歡舉的例子，是麥克雞塊。一份10塊的，價格是 3.99 美元（或每塊 39 美分），一份 20 塊的，價錢是 4.99 元，也就是每塊只要 25 美分！規模經濟在生活中隨處可見。

我公司曾碰過一名「奧客」，不停地砍案子的價錢（光看這點「奧客」還不少）。我們頭先寄出提案，對方要求細分，並逐項標價，做好以後，對方開始根據價格一項項剔除。到最後，範圍符合他們的預算，但我們賺得到錢的項目，也所剩無幾。後來做好頭幾個項目後，對方又開始刪減，預算從一開始的 $200,000，變成 $100,000，最後剩 $50,000。我們試圖曉以大義，解釋「規模經濟」給對方聽，$200,000 時的單價，比 $50,000 時的單價低，對方卻拿出提案，回答我們：「你們的提案沒提到這件事，只標示各項的價格，你們不是應該比照辦理嘛。」我們登時啞口無言。

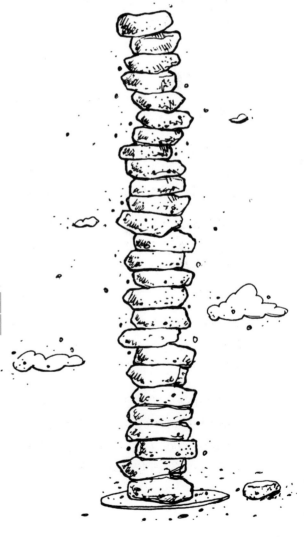

為了不重蹈覆轍，我們在提案新增一段文字：

此處的估計，係規模經濟下的「整批價格」。工作範圍新增或刪減項目者，其他項目的定價亦有所變動，需提出新的提案。

這段話像先打好預防針，到時可以依「規模經濟」，跟客戶據理力爭，在對方意圖刪除專案範圍的項目時，重新啟動議價。

88 「義工」守則

這世上多得是認為你應該免費做平面設計工作的人。畢竟，免費不過是花時間，而且你又熱愛平面設計，你覺得呢？

多數的設計師，手上幾乎隨時都有「義工」要做，總是有叔叔伯伯阿姨麻煩你做這個 logo 或那個網站，「義工」似乎跟磁鐵一樣，會互相吸引，接下一件，就會引來另一件，永無止盡。我個人對這類「義工」一點不陌生，而我的公司，似乎穩定接到來自慈善機構的請託。

很多慈善機構經費拮据，常見的情況是，機構的負責人非常擅長請託並接受奧援。切記，答應人家一次請託，通常就沒完沒了，一不注意，人家拜託的案子，就大排長龍了。很多慈善機構做的事情，令人萬分推崇，值得你慷慨允諾及伸出援手，不過，你有權利按照自己的遊戲規則進行。底下是一些跟慈善機構共事的考量。

回饋社會

你要是認同對方的組織，也有餘力，免費提供平面設計服務，可能對你是個好主意，放手做吧。

充實作品

你的作品集因為案子變得更為充實，那免費提供平面設計服務也值得。有時，免費的設計工作，會激發你的創意，更輕易掌控專案的流程。

一次一件

我聽說有的同業，會把手上的慈善案子，限制在一或二件。這項原則能使你在應接不暇時，輕易開口推辭。

這世上多得是認為你應該免費做平面設
計工作的人。

界定範圍

不論收錢或不收錢,清楚界定工作範圍都是接案的要點,不過,跟慈善機構打交道,要更加留意這部分。免費的案子也是要把提案做好,上頭要清楚說明,哪些工作不用錢,而哪些工作要收費。例如,你答應對方,建置網站不用錢,但不想日後節外生枝,最好先講清楚說明白,網站上線以後提出的要求,按照什麼費率收費。沒有必要什麼都免費。

收成本價

我公司有個重要客戶,是一位億萬富豪創立的非盈利機構,雙方往來多年,我們一直只收成本價,也就是說,我們提供平面設計的服務,並未賺取利潤。我們替對方建置及維護好數個網站,以及做品牌推廣活動,是按照時數計費,而且每月請款。

照賺不誤

非營利的組織口袋不一定空空如也,有些大型慈善機構,手中握有大筆的行銷預算,別傻傻的劃地自限,儘管把對方當成一般客戶。招牌上寫的是非營利,不是「沒有錢」。

我十分鼓勵大家提供慈善性的設計服務。慈善的施予,是社會的一環,服務正是平面設計這職業的核心,只需謹記,免費替人做事,要站在發號施令的一方。

89 公平作業規範

我當了將近十年平面設計師，都不知道有〈公平作業規範〉（The Code of Fair Practice）這東西。有人可能聽過，那算我多此一舉，但底下資訊知道最好。

〈公平作業規範〉最早於 1948 年，由「聯合倫理委員會」（Joint Ethics Committee）訂定發布，用於圖文傳播產業；1989 年修改，至今被數以千計的美術專業人士，拿來作為跟客戶建立公平商業關係的指引。雙方依循規範的條文，同意締結倫理且專業的關係，有助於和客戶建立「雙贏」的關係。

美術專業人士可指稱任何「美術」的賣方，包括平面設計、攝影、插畫，跟其他相關行業。方便起見，「買方」我視為「客戶」。

〈公平作業規範〉

第 1 條：美術專業人士或其代理人與客戶之間的協商，應僅能由授權買方進行。

第 2 條：美術專業人士或其代理人與買方之間的訂單或協議，應以書面為之，並納入予以轉移的特定權利、雙方同意的特定費用安排、交付日期，以及工作的總結說明。

第 3 條：所有不是基於美術專業人士或其代理人過錯的變更或新增，應向買方請款，以加收或單獨費用為之。

第 4 條：美術專業人士或其代理人一方出錯而為的修改或重製，不應該向買方收費。

第 5 條：買方委託製作的作品延遲或取消者，應本於分配的時間、花費的心力、支出的費用，協商「打發費」，此外應考量其他錯失的工作。

第 6 條：完工的作品應即時全額付清，且美術品應即時返還給美術專業人士；應付給美術專業人士的款項，不得牽涉到第三方的許可或付款。

第 7 條：變更不應在未諮詢美術專業人士的情況下為之，有必要變更或重製，美術專業人士應獲得機會修改。

第 8 條：美術專業人士應通知買方任何可預見的延遲交付；美術專業人士無法遵照合約，不合理延遲或不遵守約定的規格者，視為其違約。約定的時間表由於買方失職延遲者，美術專業人士應努力、盡量嚴格遵守其他承諾的原時間表。

第 9 條：美術品的買方，於實際可行的範圍內，應提供美術專業人士複製該美術品的範本，供自我推銷之用。

第 10 條：買方不應向美術專業人士或其代理人請求，或收受任何隱瞞的回扣、折扣、饋贈或獎金。

第 11 條：美術品或版權的所有權屬於美術專業人士；另以書面約定者，不在此限。事前未經美術專業人士書面授權，不得複製、保管，或掃描其作品。

第 12 條：原始美術品，及用於儲存含原始美術品的電腦檔案的任何材料物件，仍屬該美術專業人士的財產，特別購買者，不在此限，此不同於任何複製權利的購買(*1)。凡交易必須以書面為之。

第 13 條：版權移轉者，範圍僅限明定的權利；未明定的權利，一概屬於美術專業人士。凡交易必須以書面為之。

第 14 條：委託製作美術品不視為「雇傭作品」；動工前另以書面協議者，不在此限。

第 15 條：作品價格係根據有限的用途，但事後被廣泛使用者，該美術專業人士應收到額外價款。

第 16 條：美術或攝影未經該美術專業人士事先授權，不應複製於任何用途，包括客戶簡報或「打樣」。工作的試探作品、樣稿，或攝影初稿，後來被選來複製者，應徵求該美術專業人士同意，並給付額外款項。

第 17 條：購買的試探作品、樣稿，或攝影，有意或可能委由其他美術專業人士完工者，應於下單之時書面聲明。

第 18 條：電子權利獨立於傳統媒介以外，且應單獨協商。未有全面版權轉移情事或「雇傭作品」協議者，在尚未發現的媒介複製美術品的權利，限於協商範圍。

第 19 條：凡出版的插畫及攝影，應附加歸功美術專業人士名稱的文字；另有約定者，不在此限。

第 20 條：插畫家在作品署名，以及在所有複製品出示簽名的權利，不受絲毫侵害。

第 21 條：凡美術品不得有剽竊情事。

第 22 條：美術專業人士特別受託在不合理時限內製作任何美術品者，應額外支付合理酬金。

第 23 條：凡美術品或攝影遞交於買方作為範本者，應記載該美術專業人士，或負責作品的美術專業人士名稱。美術專業人士不得將他人的作品據為己有。

第 24 條：凡企業有收受美術專業人士作品集、範本及其他等等之情事者，應負責返還該作品集予美術專業人士，且應保持收受當時原貌。

第 25 條：美術專業人士與代理人簽訂協議為獨家代理者，不得接受亦不得允諾其他任何代理人出示的工作；協議非屬獨家代理者，應精確闡述雙方同意的限制。

第 26 條：美術專業人士切斷與其代理人之間的合作關係，應經書面同意；該協議應納入雙方共事的時間長度，以及該代理人對任何進行廣告或促銷的財務貢獻。雙方一旦終止合作，代理人不應繼續展示該美術專業人士的範本。

第 27 條：美術專業人士提供代理人，或遞交潛在買方的作品範例，係該美術專業人士的財產，不得在未經授權下複製，且應隨時完好返還該美術專業人士。

第 28 條：作為仲裁之用的規範詮釋，應交由解決爭端的機構為之，並受限於上級組織以選派委員會代表的裁量權，所為的改動及補充。雙方應受指派機構所為仲裁的約束，且可簽訂決議用於判斷和執行。[*2]

第 29 條：從事投機：競賽。美術專業人士和設計師接受投機性任務（直接從客戶，或參加競賽或比試），承擔喪失預期費用、花費的風險，以及錯失從事其他有償任務的機會。各美術專業人士應獨自決定是否參加美術競賽或設計比試、提供免費服務、從事投機，或偶然事件。

（*1）美術品所有權、版權所有權，以及 1978 年 1 月 1 日以後轉移的所有權與權利，要符合 1976 年聯邦版權修正法案（Federal Copyright Revision Act of 1976）的規定。

（*2）原本的第 28 條已刪除，由第 29 條取代。

依《平面設計同業公會手冊：訂價及倫理指引》（The Graphic Artists Guild Handbook: Pricing & Ethical Guidelines）附的合約範本，我們在提案的條款加入一段文字，確保雙方同意遵守上述業界制式規範。像底下的簡單說明就夠用了：

公平作業規範：「客戶」與「設計師」同意遵守「聯合倫理委員會」1948 年公佈、1989 年改訂的〈公平作業規範〉所列條文。

套用〈公平作業規範〉的好處，是它不是私人的東西。這規範是業界的標準，1948 年就有，不是你的創見，也不是你找律師寫的。凡是合約都可以因時、因地制宜，這規範也不例外，但要小心要求修改這份條文的客戶，不打算遵守〈公平作業規範〉的客戶，日後可能會成為燙手山芋。碰到想改提案所附條款的客戶，先問過律師，確保你跟客戶約定的條款，顧及雙方的利益。

90 合約的攻略

平面設計師是一個對法律避之唯恐不及的族群。我相信所有這行的人,最好除了創作以外,寧可不要碰到其他的柴米油鹽,像是偶爾跟客戶在合約項目上討價還價。可惜的是,幾乎我遇到的每個設計師,都稱自己為「接案者」,所以理所當然,必須對怎麼擬定一份合約有些概念。

我公司開張以後,頭幾年的提案,看不到半個叫「條款」的字。老天眷顧,我們做了上百個案子,竟然沒出問題。沒有一個客戶賴帳,我們也沒找過律師。事情看似一帆風順,案子愈做愈大,數字愈來愈龐大,期間也變長。顯而易見的,我們需要更精細的手法,否則,夜路走多了,一定會碰到鬼!(後來終究碰到騙子,而且不只一次)

底下這一步非常關鍵:去買一本最新版的《平面設計同業公會手冊:訂價及倫理指引》(The Graphic Artists Guild Handbook: Pricing & Ethical Guidelines)。沒買的人,放下工作,現在去買。這本手冊裡頭都是能幫你磨練、強化商業頭腦的資訊。

每一版手冊的後面,都有一節叫〈制式合約及業務工具〉,詳細討論各種合約類型、付款議題、談判方法,以及現今設計師會遇到的法律問題。裡頭還包括許多合約及表單,讓你現成使用。這一節必看。除非你自己請律師,擬定專屬的合約跟條款,否則用書上的。一開始讀有點沉悶,不過你得自我要求,弄懂制式合約的項目,以免淪為騙子的肥羊。誰都會碰到騙子,但誰教你要上鉤。

¶1 沒有「等等」

去字典查「etc.」這個字，它有「等等」、「及其他等等」的意思，表示一串不指明的人、事、物，換句話說，不想講清楚說明白的場合，可以用這個字。這在商場可不是好現象。

法務人士看到這一段，也許會想：「當然，商業文件絕不可以出現『等等』。」糟糕的是，多數人是不請律師的。我公司頭十年接的案子何止 1,500 件，我算了一下，頭五年的提案，有八成用了「等等」這個詞（後來有改）！好在老天眷顧，我們不曾因此吃虧。

下面是一些我們從網站跟遊戲的提案當中發現的負面教材：

- 該頁面會包含標準的 MySpace 功能跟連結（新增至朋友、新增至常用聯絡人、論壇、回應及其他等等）。

- 用戶將可以選擇框架、背景、面板及其他等等。

- 多重的遊戲關卡，主題不重複，例如，用戶可以從更衣室出發，前往其他關卡，最後抵達中央舞台──關卡包括後台、化妝及其他等等。

- 你碰到怪物（蜘蛛、骷髏及其他等等）或掉入陷阱會損失一點。

- 小遊戲跟教材可以篷子、賽道、攤位及其他等等圖形表示。

等到要把「及其他等等」講清楚的時候，問題就來了。要是客戶認為「及其他等等」是指「建立在行動裝置上面發布網站或遊戲使用的聊天視訊技術」呢？你要是不同意，場面就尷尬了。

==撰寫提案的時候，「等等」或「及其他等等」是不應該出現的措辭。你必須詳細、清楚的定義各部分的專案項目，以及製作的方式。== 你在寫的時候，千萬要避免出現「等」、「等等」、「及其他等等」、「諸如此類」、「其他項目」以及類似的含糊措辭，否則夜路走多了，總有一天會碰到「有理說不清」的場合。

92 別傻傻簽下去

我認識的接案者跟平面設計公司,大多沒正式受過經商的訓練,所以,碰到心懷鬼胎的客戶而吃虧的情況時有所聞。我公司也身受其害。

幾年以後,公司找了個律師擬條款,當作提案文件的一部分。這個舉動花了我們 500 美元,出現一種「轉大人」的感覺:「你們看看,我們請了律師喔。」

客戶大多對新增的條款不置可否,我們也樂於把它留待「備用」,以防真的碰到雙方得撕破臉的案子。這份條款是我們得以放心的「保險」。

如同大多數的小公司跟個體戶,我們的兩難是,為了接到生意,條款可以隨時應客戶要求移除,有一股莫名的壓力,促使我們產生不乖乖照客戶說的辦,案子就沒辦法動工的錯覺。我們亟需工作,而且坦白講,願意為成交付出任何代價——暴露在法律風險底下也在所不惜。

事實上,碰到客戶要求你在提案裡,放入新的條款,別傻傻簽下去。比起貿然簽署客戶片面提出的「不平等條約」而在動工以後可能碰到的麻煩,不簽對自己還比較好。

曾經有個客戶找我們做一個大案子,當下我們見獵心喜,極力爭取,接到對方通知動工的那天,著實令我們開心了好一陣子。最後一個關卡,是對方要我們把條款移除,放上他們的。天真的我們,看著眼前價值超過十萬美元的案子,沒多想就答應:「可以,請把條款寄過來,我們會加到提案,並且簽署。」收到對方的條款,我們把自己篇幅只有一頁的 19 條條文拿掉,放上他們整整三頁的專屬條款(字型大小是 9!)。

過了幾個月,這名客戶露出了獠牙,在全公司的士氣被拖垮以前,我們得要設法脫身。我們於是細讀對方的條文,發現自己早已一腳踩進法律用語的陷阱之中:

放掉客戶，比簽約以後生不如死好。

6) 供應商表示並保證如下：

(i) 以妥善、熟練及專業的方式履行「服務」，並合乎最高的業界標準，及適用的法規；

(ii) 嚴格依據本協議履行「服務」；

(iii) 履行「服務」或用到任何此處界定的「工作產品」，都不可以有一絲違反或侵害到第三方權利，包括關於所有權、商業機密、商標、版權或專利的權利。

(iv) 保護、促進、保全有關「本公司」商業名稱的商譽，以及任何關係到履行「服務」及／或以下「新服務」的「本公司」顧客及／或供應商關係。

7) 有違反第 6 節的情事「本公司」有權，要求供應商支付並重新履行「服務」，範圍涵蓋修改「交付項目」，或製作新「交付項目」，或全額本退回本協議的款項。

翻成白話，這段條文是說，「對方不喜歡作品的話，可以要我們重做，或全額退錢！」有哪個白痴會簽這樣的條約？（我們就簽了，讀者有些人可能也會。畢竟，想接到工作就得簽，不是嗎？）對方在法律條款，添加保護自己的不平等用語，把我們趕到一個完全處於下風的位置。

正常的合約是兼顧雙方的利益。你哪天鐵定會碰到客戶，拿出一份有些蹊蹺的條款給你看，這個時候，要相信自己的直覺，看起來不對等，那可能是真的不對等。記住，別傻傻簽下去！去問律師。放掉客戶，比簽約以後生不如死好。

我跟行政經理 Rachel 解釋這條原則時，她告訴我她的見解：「不要輕易繳械，要對自己的公司有信心！」（多希望在那次簽下去以前就聽到）

93 救援名單

2006 年八月是我公司不堪回首的一頁，積案進度飛快，補人都來不及。公司年輕的設計師跟工程師團隊，捲入了一場史無前例的瘋狂加班饗宴，日後這段歲月被戲稱為「黑色八月」。

上軌道的公司，多半會流傳為了趕上截稿，而通宵加班的恐怖事蹟。我的公司有一陣子曾下工夫苦思這問題跟它的解決之道：如何在積案高峰期快速補人，以及高峰期過後，如何降低成本？

我們想到的辦法是「救援名單」。救援名單是一份按照專長分門別類的接案者清單，一旦我們認為某個接案者具備公司需要的技能，會請他們過來一趟，填好必要的表單（報稅、保密協議等表單，視雙方的合作關係而定）。在正式委託前把單據填好，日後有需要，對方就能直接登板救援。

每次開始出現積案，我們當下會判斷這是高峰期，或是長期的需求。高峰期的話，我們就把救援名單拿出來，從上面搜尋合適的接案者，然後請他們過來幫忙消化積案。

這跟你有什麼關係？

自己開公司的人，去做一份救援名單，然後發給公司所有的人。常見的情況是，埋頭趕工的員工，要提醒一下才會想到還有外部資源可用。

接案的人要找工作，就加入你這行企業的救援名單，像下面的簡單信件內容，就有機會幫你搭上線：

> 這封信的目的是推薦自己，在你們業務超出負荷時，有機會提供一己之力。不知道你們有沒有一份提供支援的接案者名單，有的話，我很樂意被加到名單。我可以到你們辦公地點，展示我的作品集，並且當場簽署保密協議，以及完成其他委託工作的要求事項。好公司總是會遇到工作消化不完的時候，下次你們碰到這種情況，我很樂意略盡棉薄之力。

ᖐᖔ 落袋為安

有時候，接案者或小企業主想順利收回案款，要先把意想不到的難題解決才行。一般來說，我們會開發票向客戶請款，接著對方的會計帳戶就開始層層運作。客戶自己也是小企業的話，能不能順利收回款項，往往取決於對方戶頭有沒有現金。但是跟大企業合作的情況，則要看客戶慣用的會計出納制度。

我剛當接案者頭幾年，我寄出發票後，等個 30 天左右，就會收到支票。沒收到的話，我會客氣的寫信問對方發票的事，然後客戶會說，他們還要看一下付款戶頭的餘額。不用多久，我就會收到確切付款日期的回覆。我一直不知講完電話以後，對方葫蘆裡在賣什麼藥。他們真的特地去看戶頭餘額？難道他們真的不知道一開始就沒幫我請款？

我們過了兩年高達半數沒有準時收到案款的日子。開公司的人都知道，現金為王。客戶付款遲了，會瘦了我們的荷包。有一次我們拖了超過半年才收到錢！開始是聯絡人說找不到發票，接著是財務部說找不到，終於找到以後，好幾個禮拜又無聲無息。痛苦莫此為甚。後來我們把請款制度整個改掉，收款情況也跟著改變。目前九成的款項準時入帳，我們的訣竅是在寄發票的 email 裡面，加上一句說明：

> 收到發票請回信確認，以便後續的會計追蹤。

這句話能「點石成金」，現金！信寄出去以後，等個 24 小時，客戶還不回信確認收到發票，就再寫信給對方，並加上這段說明：

> 請問我昨天寄出的郵件，你有收到嗎？請撥冗回信，謝謝。

對方再不回信，就把話筒拿起來，準備撥打。準時收帳的竅門，是要看到請款發票順利交到對方手中。請款以後，你一定要一直查勤，而不是傻傻等到付款日。要求客戶回覆收到發票的狀態，其實是促使對方採取回應行動，譬如印成書面，然後呈報給會計跟財務。差別在於，你的客戶會更有可能有所回應，覺得有待辦的職務，要把必要的付款手續完成。另外一個好處，是你看起來比較不像是「討債」公司派來收錢的，畢竟，你只有要求對方回覆郵件。是公司的會計要你這麼做的，不是你死要錢。試一下，很有用。

95 自掘墳墓

我「又」要開始物色美術總監的人選了。我們公司的流動率算還好，但還是會遇到員工來來去去的場景。我們找了人手，對方待個一、兩年，累積了自己的「本錢」，獲得業界的注目，然後，就跳槽了。我在茫茫履歷大海中，尋覓下一位美術總監的人選時，了解到一件事，企業的本質是自掘墳墓。企業有點像是旅鼠，到頭來總是朝懸崖的方向前進。

有時候，平面設計的生意好極了。電話響個不停，積案愈來愈多，鈔票數到你手軟。但這種日子也過得很辛苦。工作量導致你跟你的同事加班，負荷量導致情況出了差錯，開始趕不上期限，有一兩個案子的品質不佳，客戶對你不滿意，這時，你手下有個員工，把履歷拿出來改，伺機跳槽。事業做得好卻反而是在自掘墳墓。

其他時候，事情的進展相當不順利。電話遲遲不響，你跟你的同事閒得發慌，希望工作快點上門。你花錢登廣告，沒有效果。事業做得不好，你還是在自掘墳墓。

做得好或不好，結果沒有差別：你公司的本質是自掘墳墓。這麼講似乎有點悲觀，但就算是又如何，我弄懂這道理以後，自覺更清楚自己要當的角色。從接案者變身企業主的我，職責就是對公司進行 CPR，24 小時待命。發現自己的角色是當一名替註定要斷氣的組織續命的急救醫生以後，我覺得身上的重擔減輕不少。

與其驚訝的發現某位員工即將跳槽到其他公司，我會想：「要做一下 CPR 了。」與其生氣某位客戶不把大案子交到我們手上，我會想：「要做一下電擊了。」我的想法是，我的公司每天都需要做一下診斷，並且實施 CPR，好讓它得以延續。每天似乎都會出現需要 CPR 的場合：要寄出新的提案、補新人、打電話跟客戶解釋、檢討作業流程、安撫某位員工、分析財務報表、擬定新的行銷、汰換舊的電腦、建置新的軟體、學習陌生的知識……，諸如此類，是每天為你公司續命要做的 CPR。你可能覺得很累，但保持正面的態度，以及成功的願景，你可以從中發掘樂趣。

事業做得好或不好，結果沒有差別：
你公司的本質是自掘墳墓。

真正的經營者，不需要親自實施CPR，就有辦法讓公司維持生命跡象。要做到，需要既定流程、領導力，及好的團隊，三者缺一不可。我打心底欣慰，我用了十年就讓公司到達這個境界。

96 合夥的誘惑

自己接案一年以後，有家當地的設計公司找我中午吃飯。雙方聊得很愉快，我很驚訝對方的工作，竟如此的相似：對方開業兩年，而且同一年在洛杉磯，做起了娛樂產業客戶的生意。我們簡直就像生意上的孿生兄弟。

沒多久，對方採取行動，問我有沒有意願合併。我跟家人受邀參加他們公司的聚會，穿著他們公司的上衣，看他們攤開財務報表，詳加解釋潛在的好處。這誘惑不小，那時我接案一年的請款金額大概二十萬多一點，我想擴充，但不知如何下手。跟他們合併麻煩少很多，而且不用擔心獨自找人手跟做生意的風險。

我花了兩個星期反覆思量。在一場跟妻子娘家的聚會，我向妻子的祖父請益。他是那種「老江湖」，經歷過大風大浪，是很有見識的人。他聽我講完，然後分享他年輕工作時的故事。

經過一番打拼，並掌管一間在鹽湖城一帶極具份量的大型建商以後，他浮現入股公司的想法，並且向建築公司的老闆提出這個構想。接著他把當時聽到的話告訴我，並解決了我的難題：「Bill，我賺一塊錢，你也賺一塊錢，但我們不是合夥人。」建商老闆願意如同合夥人一般善待我妻子的祖父，但不打算步入法律上的合夥關係。後來我妻子的祖父自己開公司，賺進大筆的財富。

於是我做了決定。我的心態是，寧可自己 100% 擁有，也不要持有一家有機會成長公司的一小部分。

後來我持續留意這家公司，甚至幾度找對方午餐聊生意 對方看起來過得很好，我們也是。雙方的規模大致相當，員工都在 15 名左右，也都有接到好客戶，做出好案子。

對方問我合夥意願七年以後，我們又一起吃飯。他們的老闆之一已另謀他就，留下的那位，把他們當時的打算和盤托出。他們成立公司後，沒有一年有賺錢，相反地，我公司每一年都獲利；他們已瀕臨關門，而我們即使在金融海嘯依舊賺錢。我內心一陣欣慰，幸虧早年做了對的主意。結果對方把公司收了，我們公司持續挺立。

我公司有些人，已來到了跟我妻子祖父一樣的階段——有資格談入夥。我對待他們如合夥人，一起共享利潤，共商經營決策，但沒有法律上的合夥關係。他們有合夥的好處，但沒有合夥的責任。我賺錢，他們就賺錢。

入夥很容易碰到功勞談不攏的局面。有人說自己工時比較長，有人說自己接的生意比較多，這時要怎麼公平分派紅利？要怎麼決定公司轉變的方向？我的意思不是合夥行不通，合夥成功的例子很多。我是提醒一點，合併要能雙贏，而且要事先把全部細節都談好，這麼一來，可以省去日後可能的痛心跟不快。

話說回來，2011 年，知名照片修復企業的老闆 Mark Long 找我一起合夥。我們開了一家小設計公司，招攬境外設計師，為小企業製作低成本的平面設計。姑且不看生意上的難題，這次的合夥，本身是非常寶貴的商業關係。

我無意要你打消任何與人合夥的念頭，我是說，「小心謹慎為上」。挑對合夥人，雙方優劣互補，能帶你步向成功之路，這點毋庸置疑。

¶ 時時緊盯分數

我第一次聽到 E-Myth 這個詞,就是從最可靠的人口中說出的。當時我大約自立接案了一年,知名作家 Michael Gerber 在我住的州舉辦商展演講,我有出席。他是精力充沛、見多識廣的人,我當下就迷上了,隨即買下 E-Myth Revisited 這本書。開公司的人,沒讀過這本書,未免就太遜了,即使不是公司老闆,Gerber 的見解跟建言,對任何一個工作者都有莫大的益處。

書中好幾個地方,對我產生深遠的影響,其中之一是為企業建立「資訊系統」。簡單來說,你掌握的數字,會告訴你企業發生的情況。

> 簡言之,資訊系統會把需要知道的告訴你!你現在不知道的事……,系統會告訴需要修改的時機跟原因。沒有的人,不妨再把眼睛矇住,叫人把你轉三圈,手上拿支飛鏢,等神明指示你擲出的時機。這不啻是個前途堪慮的做法,卻是小企業多數人在做的辦法。
>
> —— The E-Myth Revisited(1995 年),頁 248、249。

我深受啟發,把才新到職的行政經理找來,讀了幾段給她聽。我們拉了一張試算表,列出打算開始追蹤的清單。我記得當時說,「有天這些資料,會變成故事情節,幫我們做公司決策。」好幾年後,這份資料清單變成一顆預言水晶球,我們每個月初檢視最新的資料,得以精準做出眼前即將發生的假設。

每月追蹤的資訊

- 請款的金額(收入)?
- 開支的金額(花費)?
- 賺到(虧損)的金額?
- 送出了幾張估價?
- 每張估價的平均成本?
- 有幾張估價同意開工?
- 同意開工的估價平均成本?

- 開出幾張發票？

- 每張發票的平均成本？

- 待收的金額（應收款）？

- 逾期的金額？

- 本月完成專案要花的人工時數？

- 每一製作時數的成本（每小時的開工費率）？

- 每位員工的每小時／每日成本？

- 月底各帳戶的餘額？

- 動工的金額足以支應成本的天數？

- 手上有幾個還有發票沒開的專案？

- 本月最大、次大、第三大的客戶是誰（根據請款金額）？

- 本月的廣告開支？

- 工資成本是多少？

- 經常成本是多少（扣除工資）？

- 給員工加薪的時間跟金額？

這些項目許多會畫成曲線圖，幫助我們掌握資料的趨勢。經過多年追蹤，我們如今明白的公司重要事項，有像是：

- 六、七、八、九月是最忙的月份。

- 上述某個月的請款金額會比一月多出 40 到 60%。

- 十二月一向是開支最大的月份。

- 十二月或一月通常是請款最少的月份。

- 送交的提案數跟請款金額直接相關。（有點像廢話，不過看見數字我們得以適當因應）

- 廣告開支跟請款金額沒有直接相關（短期來看）。

上面只列了幾項我們經由追蹤資料得知的事情。這份資訊在做經營決策上面，幫了我們很大的忙，想贏得比賽的人，要時時緊盯分數。

98 不會只是「見面聊聊」

我公司有一些不堪回首的經歷。幾年前，我們被找去參加一個迪士尼大案子的競標，案子很棒，而且預算有六位數，當下我們有股終於熬成婆，晉身大咖玩家的感覺。我們的人搞定了提案，有趣的內容足以讓迪士尼邀請我們飛到柏本克總部「見面聊聊」。我們挑了二個人，行前印了幾份提案，就開拔前去機場。到場後，我們驚覺事情不對勁，迪士尼聯絡人嘴上說「見面聊聊」，我們看到的，卻是會議室坐滿等著聽簡報的高層。原本對方的高層，正等著看我們投出一場好球，結果事後卻可能譏笑我們的天真。幾份提案的影本，加上現場充數的專案簡報，連入小兵之眼的機會都沒有，遑論打動一票大官的心。

這次經驗，加上其他幾次難堪的會議，給我們上了寶貴的一課，告訴我們，天下沒有只「見面聊聊」這種事。在每次開會，每次互動，每個坐了觀眾的場合，你應該準備好，做一場令人對你跟你公司刮目相看的簡報。要做到這件事，你應該總是做到以下一部或全部的準備工作，包括：簡報、展示照片選輯、書面作品集（別天真以為對方一定備妥了電腦或網路）、業務簡介手冊、詢問對方的問題清單，甚至你執行專案的標準流程圖。即使用手刻劃都比什麼都沒做好，總之，我的重點是「要有準備」。

回想過去，我不記得有哪個場子後來只是「見面聊聊」的。退一萬步想，說不定真的有潛在客戶，初次找你碰面，只是想跟你寒暄、聊聊運動，但至少你下的工夫，還是躺在公事包裡，沒有消失不見，直到下次真的派上用場。

在每次開會，每次互動，每個坐了觀眾的場合，你應該準備好，做一場令人對你跟你公司刮目相看的簡報。

99 報上本領來

自行創業僅八年，營運終於感覺上了軌道。幾年前我寫初稿時，成功結束紐約市娛樂公司與廣告商高層的會議，坐在甘迺迪國際機場，準備回家。當時我們接工作，已不怎麼費力，新客戶聽人介紹，自己會找上門，案子自然而然就成交了。不過，拜 2008、2009 年的經濟衰退之賜，我們重回找事做的日子。這次出差，我們做了萬全的準備，打算在眾人面前大放異彩。

出發的幾個禮拜前，NBC 有個行銷團隊，找我們做一場簡報，想看看我們的本事。那時我們沒經驗，所以花了一個禮拜，準備這場簡報。我公司過了八年不差的歲月，卻沒派得上用場的現成簡報，所以我猜想，很多接案者和小企業跟我那時候一樣。

這種展現「看家本領」的簡報，是告訴潛在的客戶，「有這號人物」，以及「這號人物手上的功夫」，所以不要拐彎抹角，當面講清楚、說明白。我們的簡報投影片是用 Apple 的 Keynote 做的，但不難換成 Power Point 或其他類似的軟體，重點是資訊的連貫。

第 1 張：我們是誰

第 2 張：「我們的團隊」

我們展示一張別出心裁的團體照，簡短分享公司的歷史，以及贏得的獎項。個體戶的接案者，我不建議放個人照 -- 給潛在客戶看你本人的照片不免有些奇怪，這時可以在第一張簡報放個人資訊。

第 3 張：客戶的 Logo

我們展示幾組客戶的 logo，以及多年來完成的案件數量。個體戶這方面沒「豐功偉業」可以提的話，這一張可以省略。接下來的簡報，是要讓潛在客戶，知道你有什麼料，以及展示有說服力的範例。

第 4 張：有本事做品牌

像這種「有本事做」的簡報內容，我們會摘要分享提供的服務。這一張我們展示設計的 logo，以及創造獨特「形象跟質感」的風格指南。

第 5 張：品牌專案 1

我們在這張簡報，放了四張替 Fox 機構做的風格截圖，花幾秒鐘時間，說明專案的資訊，然後換下一張。

第 6 張：品牌專案 2

第 7 張：品牌專案 3

每張範例簡報，畫面右邊整齊放上專案的截圖，左邊列出五、六點說明。要證明自己的本事，不需放一堆範例，兩張簡報其實就夠，我們自己是做了三張。

第 8 張：有本事做印刷品

第 9 張：印刷品專案 1

第 10 張：印刷品專案 2

第 11 張：印刷品專案 3

好好挑選，表現你有各式各樣的「料」，舉例來說，「印刷品」的三個範例，可以分別放手冊、年報跟文具組。

第 12 張：有本事開發 Web 專案

第 13 張：Web 專案 1

第 14 張：Web 專案 2

第 15 張：Web 專案 3

Web 這塊，我們挑了做過的高知名度案子，別忘了你用的程式語言跟工具，你希望客戶對你的能耐，留下好印象。

第 16 張：有本事製作線上遊戲

第 17 張：遊戲專案 1

第 18 張：遊戲專案 2

第 19 張：遊戲專案 3

這部分跟 Web 開發案類似，我們也展示會的多種程式語言，以及合作過的品牌。

第 20 張：總結

簡報的結尾，我們列出分類清單給客戶看，在各項底下說明幾點我們要做的細節，並提出幾項我們認為跟客戶最有關的。

底下有幾件對潛在顧客簡報時要注意的事情。

好好掌握時間：

練習 3、10、15 分鐘長的簡報方式，正式開始前，詢問有多少時間，然後選相應的簡報版本。多說無益，即使你對即將展示的作品質、量躍躍欲試，客戶可能不這麼想。

介紹本領與專案時，要簡潔、達意：

專注於效果。展示好設計固然有意思，多數客戶感興趣的是效果。務必要拿出某些展示作品的量化效果，像是「我們替客戶重做品牌後，隔年業績成長30%。」或是「網站上線後，首週訪客就超過一百萬人。」都是可以跟客戶說嘴的功績。觀察對方的肢體語言，要是開始浮動、一片沉寂，或頻頻看鐘，這時最好加快速度。搞砸簡報的方法之一，是疲勞轟炸，浪費聽眾的時間，比較好的策略，是快點收攤，來日方長，換句話說，跟對方要「後會有期」。

我們通常會送客戶一本冊子，列出幾個專案範例，以及公司的簡介。留張傳單也行，不管怎麼做，別出心裁的伴手禮，往往都能留下好印象。以前有個接案者，送我們一個特製的滑板，上頭有我們公司的 logo；這類舉動效果很好，提醒我們對方是誰、在做什麼，而且不會隨手丟掉。「看家本領」的簡報，是推銷服務的好法子。

100 天有不測風雲

四年自己接案生涯的頭三年，我像是待在地下室不見天日的奴工。每週工時由
40 小時變 80 小時，壓力指數爆表，我的妻子說服我，為我找了第一個幫手，
我岳母替我找了第二個，情況有點像先替我挑好對象，再要我去相親那樣。

原本的地下室，擠了三個人以後，有點左右支絀。三人各佔一個角落，第四個
角落放了台電視，晚上可以跟我作伴。很快我們就體認到，得換間大一點的辦
公地點，生性節儉的我，在離家不遠的街上，挑了間便宜商辦，簽下一年的租
約，並開始打包。喬遷當天，我們把桌椅搬到新辦公室，在下午遷入設備，我
們興沖沖跑回家，把電腦跟螢幕拿過來，終於在五點左右，大功告成，桌椅擺
好、電腦裝好，準備星期一早晨全新開幕。

隔天一大早，我被敲門的聲音叫醒，我看到鬧鐘顯示早上五點，心裡納悶「發
生什麼事？」我來到門口，認出門外的鄰居，開門就聽到他說：「你地下室淹
水了，我去找人幫忙！」此時我聽見水流的聲音，衝到地下室，踩進二呎深的
污水，好在我的好鄰居，搬來救兵，幫忙把家具跟雜物撤離。

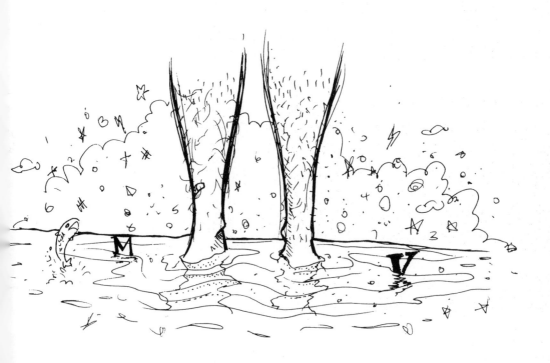

我家附近的山腳，有一個灌溉水池，晚上某個閘門故障，水流了出來。水沿著大街跟水溝，朝低窪處流，最後找上了我「停工」的地下室，灌了進去。

我從這次事件學到不少教訓，最重要的一件，是「天有不測風雲，工作要每天備份」，但是我們沒有。那時一件備份都沒有。我偶爾會擔心硬碟故障，但程度不足以使我定期備份檔案。那天要是淹水提早 12 個小時出現，我存在三台電腦中的作品，就會蕩然無存，手上的工作，都要重頭再來，做過的專案，都會消失不見。這麼可怕的災難，我八成會打消自己當老闆的主意，然後去找個工作。我很慶幸自己逃過了這樣痛苦的教訓。

接下來的一個禮拜，我們採用了周全的檔案備份策略，買了好幾顆外接硬碟，而且採取現場跟異地的硬碟備份，此後資料要不見，除非辦公室跟我家必須同一天失火才有可能。

備份資料的方式不勝枚舉，現在的軟體讓工作簡化到不可思議，我不打算多談，上網查一下，就能找到各種策略，挑一個適合你的，重點是，務必「挑一個」。沒有定期備份電腦裡的檔案，哪天鐵定會碰到嚴重而且不可恢復的麻煩。

我住的地方不曾鬧過水災，社區位於已開發地帶，而且比起我家，山下有好幾間淹水機率更高的屋子。沒人會料想自己家淹水、失火或發生其他災害，不過別不信邪，好歹聽我一句：天有不測風雲，所以你必須每天備份工作，好在風暴來襲以前，未雨綢繆。

101 彈性或自由

每次誰口中冒出類似:「自己創業最好了,當老闆以後,也比較自由」的話,我聽到都會差點嗆到,當下我會挖苦自己:「自由?開什麼玩笑,剛好相反,我是奴隸!」你考慮放手賭一把,**出來接案或開公司的話,心裡要有底,你會握有更多「彈性」,但肯定不會「自由」**。在這裡我要誠心告訴那些有意自立門戶的讀者,準備好一頭栽進充滿機巧,但毫無自由可言的生活當中。

鴻鵠大志的企業主,肯定有做不完的事情,一下這裡要解決,一下那裡要改進。在我開始自立門戶,每週工作 80 個小時的那幾年,很期待傍晚來到;客戶終於要下班了,不會再有電話打來,不需要往返 email,我終於可以專心做好一些工作。如今,我手下有了團隊跟辦公室,我的辦公時間變得正常,每週工時介於 40 到 50 個鐘頭(進辦公室的時間)。我依舊保有企圖心,下班以後,我把時間拿來研讀企管書籍,跟妻子討論商場話題,以及處理白天的壓力,舉例來說,我數不清多少個深夜,我坐在床邊,記下解決問題的辦法(很多後來變成本書內容)。坦白講,身為想出人頭地的企業主,我對這樣的生活其實感到滿意。

出來接案或開公司的好處不少,「彈性」是其中一個。你可以決定每天想工作 10 或 12 個鐘頭;不需要請示上級,就能出門辦公差;夏天到了,想帶小孩去游泳也可以,你的工作進度自己排,等之後花時間補回來就好了。自雇者這職業,沒有白付薪水這回事,你所做即你所得,跟績效好壞無關。

另外有件事要提醒接案或開公司的人,如同電影蜘蛛人的台詞:「力量愈大,責任愈大。」由於你的成果完全取決於你的投入,某些時候,很難清楚區分動腦苦幹,跟當一名工作狂的差別。即使成就要靠苦幹跟熱忱,請別忘了照顧身體,跟你的家人——每天工作 22 小時對你好嗎?不好嗎?**重點是,把自立門戶的每個方面都顧到,知道要在哪裡劃下界線,不管是對客戶、對工作,或對生活**。

我無意要抹黑接案或開公司這個選擇,我只試著幫你了解一旦踏進這個世界,會面臨到的生活方式。我自己的感想是,每天都有「彈性」,感覺比自由要好多了。

在任何情況下，都別動手做尚未白紙黑字的工作——千萬、千萬、不要。

102 白紙黑字

這個虧我入行以來吃了許多次，自己也搞不懂，明明是萬分不堪的體驗，卻一而再，再而三重複上當，我是指，在任何情況下，都別動手做尚未白紙黑字的工作——千萬、千萬、不要。

想像一下，你坐在會議室裡，跟潛在客戶討論 logo、網站跟手冊的案子。一個鐘頭後，對方被你的構想、創意跟性格打動，你提到專案的預算及範圍，對方也允諾即刻可以進行。過了一個禮拜，客戶到公司付頭期款項，順便看初次打樣。你展示了做好的 logo、網站、手冊，他們卻說：「先等一下，不是只要 logo？我以為網站跟手冊要先緩一緩。」你頭上一陣冷汗，這件自以為說好了的案子，耗去你 20 個鐘頭。

我不是說非得正式提案，或簽訂完善的僱用合約，才可以著手客戶的新工作。我的意思是，「忘記」乃人之常情。

下次有人要求你動手為某位客戶辦事，先花幾分鐘，給對方寄封郵件，詳細寫下就你所知的專案。

嗨 Lucy，

得知你來電，我正打算著手本案，所以想先確認，你跟我的認知是否一致。以下是專案的詳情：（填入細節）。我估計以上工作要花 OO 個鐘頭左右，收費約是 OOO 元。我打算把時數計入下一張發票，工時要是比預估長的話，我會隨時通知你工時的差數。請回覆你的意見，我馬上就要動工了。

George

這一點也關係到接新工作。不要覺得意外，很多小企業是沒有發正式「錄用通知」（offer letter）這習慣的。設計師有很多最後落腳於小企業，很可能就會碰到雙方口頭說好派工的場合。可別讓對方得逞了，看要跟未來的雇主索取、請對方寄給你，或乾脆自己寫好：

嗨 John，

很榮幸接下本工作，很高興即將你共事。因為不想要口說無憑，下面列出雙方討論的細節：一開始薪水是 OO,OOO 元，保險自 OOOO 年 OO 月 OO 日生效。期待一起打拼！

Sally

替人幹活沒有白紙黑字，就像在做善事。如同上述的簡單郵件，事後在跟客戶談工作範圍或請款，或接下雇主提供的新職務時，可能是你的救命繩索。

103 下一個愁錢日

不意外，2009 年是困難重重的一年。有一位公司倒閉的朋友問我，「你公司過得了這關，是靠哪一點？」當下我想到幾個老生常談：客服、沒債務、努力、壓力、辛酸、拼命、希望、運氣、信念……，這裡提到的，那段期間都派上用場。不過當時沒想到，但影響力可能不遜色的，是我們會掌握數字，做好「下一個愁錢日」的因應措施。

我一向對金流緊張兮兮，話說回來，我對很多事情都緊張兮兮。每天我的行政經理，會在機密網站張貼財務數字，讓我去看，內容一般包括了：

● 各帳戶的餘額？

● 未來三個月的每月請款金額？

● 未來三個月的每月開支需求？

● 有待索討的金額（應收款）？

每個月看著大筆現金流入流出，會讓人倍感壓力。上述數字，還有其他某些「情資」，是我用來調控壓力的法子。

我幾年前意識到，我在腦袋中做的計算，目的是弄懂自己需不需要為錢發愁，頓時豁然開朗！為什麼不把這些計算理出頭緒，然後找出愁錢的精確日期？下面就是「下一個愁錢日」的算式：

（起始餘額）　銀行現金總數

　　　　　　＋ 應收款總數

　　　　　　＋ 當月剩餘的請款總數

　　　　　　＋ 次月剩餘的請款總數

　　　　　　－ 稅金（季報稅的預留款）

　　　　　　－ 救急金（以防萬一的預留款）

　　　　　　＝ 現金流量總數

　　　　　　÷ 每月經常開支

　　　　　　＝ 現金流量覆蓋月數

　　　　　　－ 1 個月

　　　　　　＝ 下一個愁錢日（即現金流量告罄的一個月前）

底下是「下一個愁錢日」算式的實地演算（以接案者為例）——某位在家工作的接案者於 8 月 1 日預見的數字：

　　　　　$ 12,300　銀行現金總數

　　　　＋ $6,400　應收款總數

　　　　＋ $5,200　當月剩餘的請款總數

　　　　＋ $3,500　次月剩餘的請款總數

　　　　－ $3,000　稅金——今天是八月第一天，所以有二筆 $1,500 的季度稅款要付。

　　　　－ $1,500　救急金

　　　　＝ $14,400　現金流量總數

÷ $6,000	每月經常開支——假設你每月支領 $5,000，營業開支 $1,000。
= 2.4 個月	現金流量覆蓋月數
- 1 個月	
= 1.4 個月	現金流量告罄的一個月前
= 9 月 30 日	下一個愁錢日

今天是 8 月 1 日，「下一個愁錢日」是在 9 月 30 日左右，注意這天是現金流量用完的一個月前，而且救急金不算在現金流量。你不能真的到了坐吃山空那天才要做決定，一旦環境急轉直下，多出的一個月現金流量跟救急金，能替你爭取一點時間。

底下是另一個「下一個愁錢日」算式的實地演算（小企業老闆的情況），也許是一家員工十名上下的設計公司，簡化起見，起始日期一樣是 8 月 1 日：

$87,300	銀行現金總數
+ $109,000	應收款總數
+ $72,500	當月剩餘的請款總數
+ $58,400	次月剩餘的請款總數
- $12,000	稅金——今天是八月第一天，所以有二筆 $6,000 的季度稅款要付。
- $45,000	救急金
= $270,200	現金流量總數
÷ 65,000	每月經常開支
= 4.16 個月	現金流量覆蓋月數
- 1 個月	
= 3.16 個月	現金流量告罄的一個月前
= 10 月 31 日	下一個愁錢日

那麼，萬一到時候真的沒錢了怎麼辦？採取因應措施！你有二條路：即刻開源或節流！千萬不可以拖。財務決策要隔一段時間才看得見成效，所以「下一個愁錢日」要是沒錢了，當下就要有所行動，然後持續評估財務狀態，掌握自己的處境，做到以後，能使你放心、經心的過每一天，不會像隻沒頭蒼蠅，亂飛亂撞。

104 零頭炸彈

成立公司以後，我只開出過二張改單的發票，在這行，工作範圍跟變形蟲沒兩樣，所以這數字相當難能可貴。坦白講，我們因此虧了些錢，不過正因為有彈性，「呷好道相報」跟回頭光顧的客戶絡繹不絕，蓋過了虧損的部分。誰喜歡在小錢上跟人斤斤計較呢，更不用說肯砸大錢的人了。

幾年前，我們找了位新的會計師替我們報稅，原先看似順利，對方算出稅額，一切按部就班。會計事務所那邊的代理人，打電話給我，說工作做好了，準備要申報，而且說把文件拿到公司給我簽完名，就可以報出去。我聽了感激在心，很高興報稅的事搞定了。

過了約一個星期，我收到這間新會計事務所的發票，上頭除了稅務本身的索費比報價高一倍，還列出一筆 25 元的文件跑腿費！我很訝異，對方竟然會對這件看似窩心的客戶服務收錢，說我不講理也好，但一張 3,500 元的發票，冒出一筆 25 元的跑腿費，實在不應該。想當然耳，這間事務所我們視如敝屣，從此斷絕往來。

要是客戶認為你在計較零頭，同樣會離你而去，別對這一點心存僥倖。聰明人的作法，是一開始就訂個好價錢，成本務必多抓一點點，這麼一來，客戶要是後來要求某些地方額外調整，你就能做個不蝕本的順水人情；此外要切實掌握每件案子的財務狀況，將本求利，預算容許就多做，又不會讓客戶接到「零頭炸彈」。

105 疑人莫用，用人莫疑

我們剛剛通過一個案子，替一間好萊塢大廠商做 iPhone 應用程式，由於從來沒做過，我們對這案子躍躍欲試，唯一的問題是，我們之中沒人會寫 Objective-C 的程式，好在，我們跟一間專門開發應用程式的公司關係不錯，就打電話過去討救兵，對方也允諾要幫忙做這件有趣的案子。我們收到這次援手的報價，對方旋即動工。

過了幾天，到了要把設計交給客戶的時間，我們的外包商說已備妥樣稿，不過要等付清第一筆款項，才願意交出來——他們連發票都沒開呢！我們跟對方的說法是：「好，把發票寄過來，我們好付錢給你，不要拖到進度。」私底下卻這麼想：「我們是有前科嗎？否則何必把設計當人質，要我們付贖金才肯交。比起你們公司，我們成功太多了，幹嘛賴你們的帳！」這次事件為雙方關係蒙上陰影，我們有一股不受供應商信任的感覺。

設計師動手做許多的案子，必須「貿然相信」對方。信任像是雙向的馬路，設計師在這頭著手設計，是相信客戶會付錢；非得收錢才辦事的話，就換成對方要相信會收到令人滿意的作品。外包商向我們勒索贖金的舉動，使我們成為唯一承擔風險的一方。

我們公司的作法，一般開始製作會開一部分的發票（視案子的規模介於 25 到 50%），接著就懷著客戶收到票會付款的信心動工。我們遇到過付款異常的慢而必須停工的情況，也遇過幾次客戶頭款賴帳，案子當下卻已透支的情況。

好好打量你的新客戶，要是你察覺到不值得信賴的訊息，大可扣住案子，收到贖金再說——甚至收下頭款再開工也不遲。但是別忘了，有時缺乏互信的舉動，會得罪心懷善意的客戶。

你要是信任客戶，就別讓這種贖金換人質的舉動，傷了雙方的感情。不過，**會不相信客戶，問題也許出在一開始，你有沒有仔細觀察合作的對象。**

106 金錢的去向

工作兩年左右那時候，我在一間直銷公司上班。那時候是 90 年代中期，我是公司唯一「懂網路」的，這技能當時還算少見。公司隸屬一個私校集團，案子很多來自關係機構。

我一手包辦經手網站的專案管理、設計、程式設計，一人獨挑大樑。有一次，我看到某個我做的網站，公司開價 $22,000 美元，那專案為期四週，而我一年不過賺 $28,000，案子順利完工以後，我心想：「公司從我身上賺真多，該給我調薪，我四星期為公司賺的 $28,000，幾乎夠我一整年的薪水！」

開公司多年以後，我明白一件事，不管怎麼一廂情願，這觀點根本不對，可差多了。公司跟客戶請款 $22,000，扣除我四週工錢 $2,153.84，也不會只剩下 $19,846.16，當時以為薪水太低的我，平白浪費精力在無謂的怨歎上。

企業有許多不為員工所知的成本，我剛開始找人消化多接的工作時，錢的流進跟流出，經常使我提心吊膽。過了這些年，金錢的流動讓我更清楚，一個 $22,000 網站，賺的錢沒我想像的那麼多。

底下是我開的小公司經歷過的階段，用來說明金錢的去向。在舉例以前，我先說明費用的類別，方便起見，我把許多小項，合併為比較大的類別。

費用

專案：這個類別是指圖庫、網站主機，和其他完成客戶專案的必要項目。

一般：包含辦公用品、社交團體會費、訂閱、贈品、郵資及運費，以及其他每月雜項成本。

保險：包括公司的健保、牙醫、責任風險，以及錯誤遺漏的保險（有些大客戶會要求）。

居住：這類別是所有辦公空間的相關成本，包括租金、建物管理費、保全、警衛、電話、網路，與其他設施費用。

工資：工資是多數平面設計行號負擔最重的成本，在例子中，這個類別指每月發給員工的薪資。

工資稅及代辦：雇主依法要按工資支付社會安全跟 Medicare 稅，以及州跟聯邦的失業稅。這個類別還包括會計師或工資公司代辦工資支票，以及處理州跟聯邦繳稅的成本。

發案：我們一直都有把某部分業務，發包給接案者的習慣，這個類別代表這方面的變動開支。

差旅：我們跟客戶大多不在同一個州，免不了要出差。我們覺得業務開發要順利，每二個月就要出差拜訪其他地方的客戶。

行銷及廣告：雜誌廣告、直接投寄郵件、廣告牌，或其他對生意有幫助的，歸在這個類別。

每月費用情境 1——六個人的公司，辦公室面積 2,000 平方呎

　　　專案 = $3,500

　　　一般 = $1,500

　　　保險 = $3,500

　　　居住 = $5,750

　　　工資 = $19,750

　　　工資稅及代辦 = $4,500

　　　發案 = $2,500

　　　差旅 = $2,750

　　　行銷及廣告 = $750
　　　────────────

　　　總計 = $44,500

每月費用情境 2 —— 10 個人的公司，辦公室面積 2,000 平方呎

專案 = $2,750

一般 = $2,750

保險 = $4,500

居住 = $5,750

工資 = $34,000

工資稅及代辦 = $8,750

發案 = $3,000

差旅 = $1,500

行銷及廣告 = $2,000

———————————————

總計 = $65,000

每月費用情境 3 —— 15 個人的公司，辦公室面積 3,000 平方呎

專案 = $5,500

一般 = $3,250

保險 = $6,500

居住 = $6,750

工資 = $51,750

工資稅及代辦 = $18,000

發案 = $4,500

差旅 = $2,250

行銷及廣告 = $2,500

———————————————

總計 = $101,000

上面的數字是根據我公司不同階段的真實成本（方便計算起見有四捨五入），那麼，利潤跑到哪裡去了？談到利潤，馬上要想到稅。視所得落在某個對應的稅率級距，賺錢不多的，級距就低，賺大錢的，級距就高，稅率介於 10% 到 39%，視所得而定。企業賺錢，請款比費用高出的部分，就要扣稅，姑且把上面例子稅率訂為 30%，企業要逐季繳交。

自己開公司當老闆，銀行戶頭的現金，
是最好的安眠藥。最好的。

談到利潤，接著要想到「準備金」。企業為了生存，手頭上必須留點現金。我聽過好幾個人建議，像我這樣子的公司，戶頭應該有 3 到 6 個月的現金準備。換句話說，每個月開支 $101,000 的人（情境 3），帳戶現金應該介於 $303,000 到 $606,000。準備金的用途，是幫你的公司撐過欠款（某個財富雜誌 100 大企業的客戶，一概都是開發票的 120 天付款）、倒債（哪天鐵定會碰到不付錢的騙子），以及景氣榮枯（2009 年要是準備不足，我公司早就倒了）。

每個月我們撥出利潤 30% 繳稅，50% 留作準備金，剩 20% 可支使。以前，這 20% 會用在像電腦、軟體更新、改良辦公室、雇新血提升業績、員工聯歡和贈品，還有獎金。

再看一次情境 1，這次注意利潤怎麼變出花樣來。

在情境 1，每月費用有 $44,500，假設公司當月請款 $60,000，你這時可能想，「哇，把多出的 $15,500 分掉吧！」這主意真好，不過要先繳 30% 的稅（$4,650），還有撥 50% 當準備金（$7,750），扣掉這些利潤僅餘 $3,100，你大方的把這些錢一分為六，每個人拿到的錢，只有 $516 左右，沒有人會因此致富。我多年前「懂網路」那時候，程度大概就這樣。

那你可能會想：「開公司要怎麼變有錢人？」大哉問。這些年來，我開出天文數字的請款，可不覺得自己賺飽。我把滿坑滿谷的錢，當作公司的準備金，擔心哪天公司得靠這些錢過活。結果這天真的來了。我查看銀行帳戶，我有大筆資金，夠公司撐好幾個月，這些錢正躺在我的戶頭裡。不愁工作跟錢的時候，每月撥 30% 繳稅，剩下就是多出的錢，那時候，我公司的錢「淹腳目」。多出的錢，水位愈淹愈高，我們大肆分紅、加薪、補貼，而且我自己能先拿走一大筆。我開公司，而且變有錢人了，不過我是先把多出的錢，放到對的地方，直到那天成真。

幾位銀行家跟會計師，看了我的財務報表，對我的策略盛讚不已。他們常以其他公司老闆為例，說這些人每個月把錢花在轎車、貨車，跟其他昂貴的玩具上，沒有未雨綢繆，為準備金或日後的稅務變動做打算，我卻視這種顧慮為天經地義。

我的岳父曾說：「花一點，存一點。」很多人沒注意後半部，結果生活方式變成「花一點，沒存錢」。自己開公司當老闆，銀行戶頭的現金，是最好的安眠藥。最好的。

107 花錢來賺錢

經過整整三年苦力般的接案生活，我已精疲力盡，手上的積案
多到連雇人幫忙都沒時間好好想。從清晨到夜晚，我埋頭苦
幹，試著把事情做完，偶爾我會離開「巢穴」，參加一個同行
的聯誼。有一次，我跟四個企業老闆同桌，聊到各自碰到的經
營挑戰，輪到我發言時，我對眼前的麻煩頗為清楚，就告訴
他們：「我的工作做不完，油盡燈枯，我不知道怎麼樣才做得
完，還有，我只能再待三分半鐘，就要回去工作。事情實在太
多了。」其中有一位企業家，分享了一則扭轉人生的忠告：「花
最低工資就能找人打發的事，就別自己動手做。」

說得對，為什麼以前沒想到呢？其實我有想過，但走錯方向，我原本的算計是：
時薪 10 美元的員工，年薪大約 25,000 美元，我的存款夠是夠，但 25,000 美
元的開支，仍使我倍感壓力。

但我應該要這麼想：時薪 10 美元的員工，剛開始一週工作 20 小時，會花我
200 美元。我每週工時約 80 小時，賺 5,000 到 6,000 元，即使這名時薪 10 美元、
工時 20 小時的員工，生產力只有我一半，也就是能為我省下 10 小時，換算下
來，我變成工作 70 小時，而且仍淨賺 4,800 到 5,800 元。何況，如果這法子不
好，我可以幾個禮拜後中止，所以我的真實財務風險，是花 800 美元左右試一
個月看看，而不是原本以為的 25,000 美元！

我列了一份每週待辦事情的清單，然後把值最低工資的項目挑出來：

- 回電話
- 付帳單
- 收信
- 打包交給客戶的東西
- 改好客戶要的修改
- 測試網站
- 校對刊物

- 跑腿
- 文書、書面作業
- 寄發票
- 追欠款
- 銀行存錢
- 結支票簿
- 訂購設備

- 更新試算表
- 向客戶索討素材
- 備份檔案

- 部落格撰文
- 管社群媒體

我做完這張清單，察覺到這些事每週不只花我 20 個小時，付出的代價是可以實際請款的設計跟程式設計工作。我決定放手一試，如前面提過，我妻子替我找到第一個員工，我岳母替我找了第二個。頭兩名幫手讓我大感意外，關鍵在於這些員工為我騰出時間，而多出的時間，如今變為可請款的新客戶跟案子。可想而知，接下來理所當然要雇更多人手，這回要做決定就容易了，到了年底，我雇了六個人，而且搬到街上的辦公室。

成功的全職接案者，在某些時間點，必須放手一搏雇用人手。做張表，列出你正在做，但可以交待低薪員工去辦的工作，你的目標是做只有自己能勝任的，並且把其餘的委派給外人。但不是每個員工都會成為幫手，頭一個月就像買保險，趁機好好檢視。確定你有錢買得起這一個月的「保險」，順利的話，雙方在這段期間會「情投意合」，這時再長期投入也不遲。運氣不好的話，別怕分手，繼續試下一個對象。

108 作嫁與作股

每年我們公司總會碰到幾個提著「構想」上門，要我們幫他實現的人。通常這類構想不外乎下一個「facebook」或下一個「Club Penguin」，想當然耳，會找上門的人通常沒錢，希望我們以力「作股」（拿到新公司或產品某個比例的所有權），截至目前，我開的平面設計公司，還沒答應替任何人實現構想，交換所謂的「作股」，也沒看過被我們拒於門外的構想，有哪個後來成真（代表沒人有辦法順利實現相同的構想）。我不是要你打消任何為人作嫁交換股權的主意，我建議事先考慮一番，再決定要不要接受「作股」的提議。

有沒有書面？

說來有點好笑，上門丟出構想的人，大多沒有準備任何書面。沒有營運計畫，沒有提案書，沒有策略文件，什麼都沒有。出一張嘴是個警訊，隱含對方要嘛還在初步階段，更有可能的是，構思人對要做什麼沒有具體的線索，你得自行把全套的策略跟執行做出來。

這種情況，你答應出力作股的話，應該持有較大的股份。想像一下，聽到有人說：「我有個主意，我們來做艘登月火箭，做好你可以佔 10% 股份。」飛到月球的確是很棒的主意，不過提出這個主意，不值得拿九成股份，畢竟執行是如此浩大的工程。切記，精確評估執行的工作量，並索討適當的股份。

「作股」往往意謂「不收錢」

明日之星要跟「facebook」看齊才入得了外人的眼。自己要下功夫，一旦你相信對方的主意有潛力，會造成轟動，就上吧。但多數的情況，你的投資可能沒有回報，坦白講，我建議你「不求回報」，要是「主意」刺激有趣到你血本無歸也甘願的地步，還需要猶豫嗎？有些場合，我認同不求回報，為他人作嫁實現構想。

作品

案子如果可以為你的作品集增色不少，可以考慮不收錢。某些作品有助於你接到新工作，甚至打入新市場。

慈善

案子出發點是行善的話，也許值得你想一想。慈善工作本身就蘊含了價值。

人脈

案子建立的關係，能帶來潛在的利益，不妨考慮入夥。你可能有強烈的預感，這關係會引發前所未有的契機，話説回來，你終究必須設想血本無歸的下場，這樣子也沒關係，那就做吧。

角色劃分

要是決定跟人合夥實現構想，切記要清楚劃分角色。好的合夥關係，各人的角色很容易區別，當平面設計師或工程師的人，可能要解決製作的層面，換句話説，你的合夥人，可能要經手營運跟行銷。務必在入夥以前，把角色劃分清楚，並留下白紙黑字。重疊之處太多的話，可能會陷在令人洩氣的權力鬥爭當中。

功勞

找上門出主意的人，大多是找人免費出力，不見得是找人「同夥」。他們只是沒錢，或不想掏錢做這件事，你在入夥以前，就要明白這個道理。事後大功告成，對他們來說，功勞都是他們的，而你不過是助手，就算這樣子也無妨的話，就插一腳吧。

平等互惠

動用內部資源要花成本。不管是自己接案、開小公司，或大公司，每次佔用某人一個小時，就是在花錢。你要弄清楚這成本是多少（年度經常成本總額，除以可用的人工時數，就是你每小時的開工費率）。姑且把你的每小時經常成本設為 50 元，你跟人合夥做專案，雙方各佔一半，所以每個合夥人要分攤 25 元，紀錄這些時數，月底結算。出主意的人，若只想佔你便宜，無意分擔開發成本，卻要持有多數股份的話，就要當心，日後場面可能不好看。

機會成本

老生常談大多有些道理。搭夥而不收錢，收錢的活兒卻接二連三冒出來，可能相當令你心痛。多數的情況，不收錢的案子，次序會排在收錢後面，這樣的安排，可能會讓你的同夥看了，對你推遲「驚動武林，轟動萬教」的開發案，而感到氣餒。

本業的贏面

有幾年，我公司的毛利可以到四到五成，每次有人上門提構想，我們不得不兩兩相比，跟核心的業務權衡輕重一番。一般來說，持股小，卻要我們從核心業務抽身，一點道理都沒有。我的公司正在賺錢，與其把時間跟精力，拿去為人作嫁，替外人實現構想，不如省下來用在本業，設法做更多生意，賺取豐厚的毛利。你的情況很可能跟我一樣。

109 前途「三個月」

我從小看父親在同一家企業，做了超過二十年，自然而然，大學畢業以後，也打算找份能待上好一陣子的工作。我喜歡這種待在同一家公司磨練技能，成長茁壯的想法。

很快我就清楚，工作安定跟平面設計的職涯，不見得互不排斥——頭一份工作花了五個月，第二份六個月便難以為繼，使我體認到這一點。第三份工作我待了一年左右，要離開時，那裡的公司管理階層，還忙著步向毀滅。下一份工作維持了快二年，最後公司財務急轉直下，最後一期的薪資，還得拿電腦來抵。

最後我來到 Fox！職稱是創意總監，薪水六位數，辦公室有窗景，工作的地方是一間數十億元的大企業。到職第一個禮拜，我想著：「耶，總算比較穩定，未來十年，甚至更長的時間，我都要待在這！」沒想到，我任職的 Fox 集團——Fox 家庭跟 Fox 兒童——六個月後就被迪士尼買走，而且後來我得花一年半的時間，看這家公司被分拆，併入迪士尼的組織。

踏入自由接案的領域後，我對設計師生涯前途未卜的看法，仍未改觀。第一年我起步的相當不錯，然後到了十二月，我陷入無案可接的局面。好幾個禮拜我呈現恐慌狀態，把履歷拿出來反覆修改，過了一個月時機才好轉，然後我順利度過接下來數年的接案生涯。

後來公司生意做大，我心裡盼望能過得比較穩定。我存了一筆錢，比較經得起平面設計師生活的波折，但 2008 年的景氣衰退，短短幾個月大筆財富憑空消失，當紛亂的月份歸於平靜，我的資產已大幅縮水。

謝謝你看完這段回想。從一個工作幾年的平面設計師口中，很可能聽到一個又一個伴隨虧損跟不安的故事。至今我的領悟是，平面設計師可以安心的日子，只有三個月左右。我的根據是，多數設計相關行業的前景，只有眼前三個月有保障，在這段期間，他們知道有什麼案子、有哪些決策可以做，所以，假設工作有三個月的保障期，算是合情合理，之後的造化，就很難說了。

景氣波動、客戶支出的變化、併購，以及公司重組，可能會為你脆弱的設計工作劃上句點。好好享受有工作的時光。

我過去幾年經營自己的公司，觀察到這條三個月法則，以各種面貌呈現。我剛雇用人手時，很擔心多個人支薪，會提高我的經常開支，於是晚上難以入眠，苦惱未來一年，要怎麼生出三萬美元付給新手設計師 但其實我應該換個想法，思考未來三個月付得出七千五百元（當時這筆錢是我銀行戶頭一小部分）就好。此後我明白一個道理，第二、第三個三個月關卡，你用不著操心，或至少不必在事情成真以前操心。

公司現金流量起起伏伏，我也學到，不要在高峰擴編，或在谷底縮編。我的意思是，在工作旺季僱用新人，到了淡季，可能就需要讓他們走人，但一連過了幾次旺季，而且前景看好，就是考慮擴編的時機。接案或小企業的老闆，最多不妨忍受三個月不振，再決定是否要把人解僱，或另謀出路（見 103. 下一個愁錢日，了解艱困時期的規劃）。

話雖如此，我公司就有員工跟了我六年以上。每個法則都有例外，我的重點是，吃平面設計這行飯，很可能要學著忍受一些職業的起起落落，這似乎是這行業的一部分。

吃平面設計這行飯，很可能要學著忍受
一些職業的起起落落，這似乎是這行業
的一部分。

110 頭家或辛勞

幾年前的賣座電影有句對白：「最大的心願⋯⋯自己做頭家，不用出外做別人的辛勞。」不甘心的人才會這麼想。自己接案或開公司的人，的確不需要在規定的時間跟人一起吃午飯，這別輕易相信，「自己做頭家」只是這樣而已。實際上，我的平面設計公司雖然經營的不錯，不過，除了不覺得 100%「自己做頭家」，還覺得頭頂上差不多有 30 個頭家！每一名常客都能夠左右我的職涯，他們每一個都有權力指使我或是我的團隊，當然，我可以對客戶說「不」——每個人都可以對老闆這麼說——但是太常把「不」掛在嘴上，客戶或老闆多聽幾次，肯定會棄你而去，另請高明了。

此外，自己接案或開公司，有個額外的好處，那就是，幾乎每個禮拜都有「找工作」的機會，相較之下，當別人的辛勞，一般要幾年才碰到一次。遇到合適的案子，必備的三樣法寶分別是：履歷、薪資、面談。（履歷是對工作的提案，薪資指成本估計，面談其實就是推銷）

小型平面設計公司的員工，一定要有一個體認，那就是每個人（包括老闆在內）都乘著同一艘船，而且只有花錢的人滿意，以及多招攬生意這一千零一個航班。扮演的角色不同是各人唯一的區別，一般是企業主經手金流，但是每個人都逃不開客戶的指使，以及生意的潮起潮落。

最後我要聲明，自己接案或開公司是利多於弊的，前提是做好有很多頭家、經常要找工作的心理準備。

ⅢⅢ 硬著頭皮上

我被人問過好幾次,「我很想辭職,開始全職接案,你怎麼知道什麼時候該放手一搏?硬著頭皮上?」

我踏入接案這條路,當時並沒有其他選擇。2002 年,我硬著頭皮,經濟還沒從網路泡沫跟 911 的餘緒中平復過來,Fox 把我的團隊賣給迪士尼,資遣了上百名員工,包括我自己。接案不算我的「選擇」,幸好我跟決策階層幾個人的關係不錯,接到的工作,足夠我度日。

這些年來,我明白一件事,就是我的運氣很好,沒有淪為歷史的化石,像有些接不到工作的接案者那樣,被時代淘汰。我對得以倖存的靠山,心存感激。底下有些判斷適不適合放手一搏的忠告,條件配合得宜,接案就會順利,甚至有機會建立自己的事業。

銀行存款

銀行的現金是你最好的安眠藥。最好的。我剛起步時,我存了六萬美元上下,當下我覺得這筆錢勉強夠用,後來知道這金額算高了,除了自己跟家人的生活,我沒有其他經常開支。

週轉不靈是接案者的殺手。你身上要有錢,才能應付賴帳,以及偶爾會碰到的倒帳。我一個大娛樂廠的客戶,請款 120 天才付款,離發票開出去四個月!我們開月結 30 天的票也沒用,客戶照自己會計制度的步調走,我們一點辦法都沒有。我們很想「分手」,但對方是夢寐以求的客戶:案子能見度高,金額也高。為了應付他們的會計制度,我們手上得有充分的現金。

一般來說,手上的現金,最好至少能撐三到六個月。想想你每個月企業跟私人的開銷,把這金額乘三或六,然後開始存錢。在這三到六個月的現金以外,手上最好有一些信用額度,以備不時之需。剛開始,你可能只需要一、二張信用卡,我們自己幾年前,才跟銀行談好一筆大額信用額度。餘額隨時保持在零,把它視為「緊急情況」專用,好在,我們不必動用,公司就能運作,要是你走到了借錢度日的田地,也許是在暗示,是時候找份正職工作了。

花錢大爺

手上有合約、有人聘用，或長期的專案，是剛自立門戶時最好的定心丸。我們這領域有家設計公司，跟大科技廠簽下長約，他們光憑這份約，半數以上的員工好幾年吃穿就不用愁，而且提供擴展到其他領域的必要現金。

按年來看，我公司最大的客戶，前八年共換過四次，不過，早期我在接案的時候，有個娛樂業的客戶，自己沒製作團隊，把全部的數位媒體需求，都包給我做。它是我的花錢大爺。

人面

人面沒有在嫌多的，愈廣愈好。打算全職接案以前，仔細檢視你的口袋名單，應用大數法則的道理，認識的人愈多，愈多人知道你在接案。參加社交網路，大方讓外界知道，你正在找案子。

上網加入社群，連結所有商場跟私人社群媒體的窗口，更新你的狀態，吸引外界注意。

行銷計畫

想想怎麼推銷生意。要在雜誌打廣告？網路？郵寄？透過人脈關係？你的行銷計畫，要按照專長、服務、區位量身打造，不變的是，要撥一筆經費，嘗試各種手法，直到找出最適合的法子為止。

退路

我跟每個前老闆關係都不錯，不過，我有些前員工，卻不是這麼一回事。好幾次，我被翻臉的員工嚇到，或者說，被雙方的撕破臉嚇到。哪天要吃回頭草，誰都說不準，有時候，接案的發展不如預期，甚至得灰頭土臉，尷尬的打探「復合」的機會。

要離職展開接案生涯的人，務必不要弄臭目前的關係。不要羞於據實以告，讓對方知道，你自認是時候自立門戶接案，而且一旦發展不如預期，你希望對方能考慮再度共事，你若是個人才，對方很可能會答應。我們就有員工去了又回好幾次，現在的職場，這情況不算少見。

幫手

沒有人真的是「單打獨鬥」，成功的人，需要跟能幫助你的人建立關係。現在就尋找幫手，跟他們建立關係，設計師最好認識工程師，工程師最好認識設計師。想想自己不足的地方，試著找人把這缺口填上。

夥伴

我們跟一些印刷廠和網頁寄存公司，建立了寶貴的關係。我們刊物做得再好，印刷廠幫倒忙，也是枉然，網頁寄存也是，網站設計的美侖美奐，但主機當了，就跟沒做一樣。口袋要有幾家信賴的廠商，確保你的案子，能表現最好的一面。

良師益友

但願從一開始，就有這樣的人，沿路給我指點，讓我免掉許多困頓跟教訓。要是你遇到值得尊敬的對象，在你這行有所成就，願意不時為你解惑，那起跑點你就贏人家一步了。有很多成功人士，樂於解囊傳授，但要注意對方的時間，事業成功伴隨大量職責，因此對方的時間可能十分有限。我曾經關照過一群很有前途，公司規模二、三個人的老闆，每個禮拜靠電話跟郵件，一起跟想法子解決問題，這麼做不只幫對方，我自己經營公司，也能得到新的見解。

往來銀行

跟銀行問清楚，你的金融帳戶是否已備妥。務必區分公司跟私人的帳戶，以免日後衍生會計問題。開始僱用人手以後，往來銀行能幫你把薪資搞定。

會計師

我換過幾個會計師，你最好找個信得過的人，請他們介紹有口碑的，否則你會跟我一樣，換了再換。會計師能幫你報稅及退稅，好的會計師，對你財務面的疑難雜症，有莫大的助益，而且能提供意見，幫你設置企業的法律架構（獨資？有限責任公司？股份有限公司？）。花點錢，在創業伊始，找人諮詢，是一項絕佳的投資。一開始就把事情做對，可以省下日後的麻煩。

保險業務

買些保險，花不了你幾個錢，偶爾我會自嘲為「保險蒐藏家」。接案者或小公司的老闆，買份簡易的保險，當作創業的準備，是明智的舉動，隨規模擴大，業務員可以幫你規劃醫療跟其他需求。

財務顧問

開始賺錢以後，找個在行的財務顧問，會方便許多，信賴的關係能幫你做出明智的財務決策，把辛苦賺到的錢，投資在對的地方。許多財務諮詢公司，還提供員工福利服務，隨規模成長，他們是為你跟員工安排退休儲蓄計畫的好助手。

業界關係

我樂於結交同個行業的朋友，跟企業老闆還有獨立接案者，共進過無數次午餐。我們有一群開公司的朋友，每個禮拜固定碰面，我老會把它想像成一群老闆在開「酒癮小組治療」。我們聚集互相幫忙，分享好的做法，給彼此面臨的難題提點意見。開始找同業一起午餐，很快你就會發現，原來大家碰到的問題其實差不多。

不是非得面面俱全，才可以放手一試，不過踏入的時間愈久，就會發現上面的每一項都很可貴。看看這份清單，如果自認為條件有了，可以踏上下個階段，也許就是你放手一搏，自立門戶的時機。